MANUAL DE COLETA

DE SOLO E PLANTA PARA ANÁLISES BIOLÓGICAS

Fealq

MANUAL DE COLETA
DE SOLO E PLANTA PARA ANÁLISES BIOLÓGICAS

Arthur Prudêncio de Araujo Pereira
Francisco Matheus Medeiros de Freitas

FUNDAÇÃO DE ESTUDOS AGRÁRIOS LUIZ DE QUEIROZ - FEALQ
Avenida Centenário, 1080 - São Dimas
13.416-000 • Piracicaba • SP • Brasil
Fone: (19) 3417-6600
livros@fealq.com.br
www.fealq.org.br

1ª edição junho de 2025

Capa e diagramação: MUV Mídia
Editor: Humberto Luis Marques
Coordenação de produção editorial: Gabriela P. S. L. Scatamburlo
Gestão editorial: Fabiana Cerri de Carvalho
Revisão de texto: Alessandra Angelo
Impressão: Gráfica Idealiza
Foto da capa: Foto de sorapop via Adobe Stock
Imagem de abertura: Foto de jcomp via Freepik
Ilustrações de aberturas dos capítulos: Francisco Matheus M. de Freitas

Catalogação na Publicação
DIVISÃO DE BIBLIOTECA - DIBD/ESALQ/USP

Manual de coleta de solo e planta para análises biológicas / coordenadores Arthur Prudêncio de Araújo Pereira e Francisco Matheus Medeiros de Freitas.- - Piracicaba : FEALQ, 2025.
167 p. : il.

ISBN: 978-65-89722-72-4

1. Análise biológica 2. Análise de plantas 3. Análise do solo 4. Biologia do solo 5. Coleta de amostras 6. Microbiologia do solo I. Pereira, A. P. de A., coord. II. Freitas, F. M. M. de., coord. III. Título

CDD 631.46

'Elaborada por Maria Cristina Moura Rocha de Andrade - CRB-8/3576

À Professora **Elke Jurandy Bran Nogueira Cardoso**
(*in memoriam*), por sua dedicação e amor
à Microbiologia do Solo.

PREFÁCIO

O solo é um dos ecossistemas mais complexos e biodiversos do planeta, abrigando uma variedade impressionante de organismos que desempenham papéis fundamentais nos ciclos biogeoquímicos e na manutenção da vida na Terra. Nos últimos anos, o interesse científico em desvendar essa riqueza biológica tem crescido exponencialmente, impulsionado por avanços tecnológicos e pela necessidade de compreender melhor os processos ecológicos e microbiológicos que ocorrem abaixo da superfície. No entanto, a falta de metodologias padronizadas para a coleta de amostras de solo destinadas a análises biológicas ainda representa um desafio significativo. Erros durante o processo de coleta, seja em campo ou em ambientes controlados, podem comprometer a qualidade dos dados obtidos, resultando em falhas analíticas graves e na redução da confiabilidade dos resultados. Diante desse cenário, o Manual de Coleta de Solo e Planta para Análises Biológicas surge como uma obra essencial para a comunidade científica. Idealizado e organizado pelos editores Arthur Prudêncio de Araujo Pereira e Francisco Matheus Medeiros de Freitas, este manual atende à crescente demanda por padronização dos procedimentos de coleta, garantindo maior rigor metodológico nas análises laboratoriais voltadas aos diversos componentes da biodiversidade do solo.

Com uma abordagem didática e acessível, o manual reúne contribuições de 38 autores especializados, consolidando-se como um guia abrangente e atualizado para a coleta de amostras de solo e planta. O conteúdo aborda desde os grupos tradicionais da fauna do solo — como micro, meso e macrofauna — até organismos do microbioma, incluindo bactérias, fungos, cianobactérias e suas macromoléculas, como DNA, RNA e enzimas. Além disso, o manual explora métodos específicos para a coleta de nematoides, oligoquetas, ácaros edáficos e fungos micorrízicos, bem como técnicas avançadas, como análises metagenômicas e metatranscriptômicas, que ampliam as possibilidades de investigação da dinâmica microbiológica no solo e na rizosfera. Os protocolos descritos são aplicáveis a uma ampla gama de ambientes, desde solos de ecossistemas naturais, como florestas e manguezais, até solos agrícolas. Essa versatilidade torna o manual um recurso valioso não apenas para estudantes e pesquisadores da ciência do solo, mas também para profissionais de áreas como agronomia, ecologia, biologia e outras disciplinas afins, que buscam métodos de coleta confiáveis e atualizados para seus estudos. Ao oferecer um guia detalhado e padronizado, este manual contribui significativamente para a qualidade e reprodutibilidade das pesquisas na área. Ele assegura o correto transporte, armazenamento e processamento das amostras, fortalecendo a construção de conhecimento científico sólido e aplicável. Com sua abordagem prática e abrangente, esta obra preenche uma lacuna importante na literatura técnica e científica, estabelecendo-se como uma referência indispensável para os estudiosos da biologia do solo. Recomendo, portanto, com grande satisfação e entusiasmo, a leitura deste manual. Tenho certeza de que ele se tornará uma ferramenta fundamental para pesquisadores, estudantes e profissionais que buscam aprimorar suas práticas de coleta e análise, contribuindo para o avanço do conhecimento sobre a biodiversidade do solo e suas interações com o ambiente.

Professor Dr. Lucas William Mendes

Centro de Energia Nuclear na Agricultura, Universidade de São Paulo (CENA/USP)

INTRODUÇÃO

A coleta adequada de uma amostra representativa de solo ou planta é um dos pilares essenciais das boas práticas de pesquisa, sendo fundamental para garantir a qualidade e a confiabilidade dos resultados obtidos nos procedimentos laboratoriais subsequentes. Uma amostra com boa qualidade deve refletir com precisão os processos que ocorrem no campo no momento da coleta. Essa representação abrange não apenas o instante da amostragem, mas também as etapas de transporte, preparo e armazenamento, as quais são cruciais para preservar a integridade e a confiabilidade dos dados obtidos. Embora não seja possível observar diretamente, os processos biológicos podem continuar ativos por um período considerável após a coleta. Dessa forma, caso as boas práticas não sejam seguidas, a estrutura dos organismos presentes na amostra pode ser alterada de maneira significativa ao longo do tempo, comprometendo a capacidade da amostra de refletir com precisão os efeitos reais observados no campo. É comum surgirem diversas dúvidas antes do procedimento de coleta, como: A coleta de solo/ planta para análises biológicas segue a mesma metodologia tradicionalmente utilizada para análises químicas e físicas? É preciso refrigerar as amostras após o processo de coleta? Até quanto tempo após a coleta é possível realizar as análises? Quantas amostras/repetições são necessárias? Qual a quantidade ideial de material? Essas e outras perguntas são rotineiramente feitas quando o assunto são amostras de solo/planta para fins de análises biológicas. Não existe uma resposta única para todas essas questões, pois cada grupo de organismos (ou macromoléculas) a ser estudado requer um padrão específico de coleta e procedimento. Desta forma, o objetivo desta obra é abordar as boas práticas de coleta de material (solo e planta) para fins de análises biológicas. Seus conceitos estarão voltados para a forma correta de coleta (sua metodologia, incluindo os utensílios necessários), o transporte (do campo ao laboratório) e o seu correto armazenamento. Essas diretrizes ajudarão professores, estudantes, técnicos, extensionistas, produtores e diversos agentes ligados ao estudo do solo a garantir a integridade dos componentes biológicos do solo, desde sua coleta até as avaliações laboratoriais.

SUMÁRIO

SUMÁRIO

SUMÁRIO

FAUNA DO SOLO

1.

Maurício Rumenos Guidetti Zagatto e Raul Matias Cezar

[1]**Fundador e Pesquisador, DungTech Biofertilizantes LTDA.**
Endereço: Travessa Antônio Pedro Pardi, 54 - Sala 6 - Vila Monteiro - Piracicaba - SP - CEP 13418-575
E-mail: mauriciozagatto1988@gmail.com

[2]**Pesquisador Pós-doutorando, Pontifícia Universidade Católica do Paraná (PUCPR)**
Endereço: Rua Imaculada Conceição, 1155 - Prado Velho - Curitiba - PR - CEP 80215-901
E-mail: raulmcezar@gmail.com

1. INTRODUÇÃO

O solo é um ecossistema natural enriquecido por um fluxo de energia e matéria oriundo de organismos fotossintéticos. Esse fluxo atende a uma cadeia alimentar com interações de alta complexidade que abrange todos os organismos que habitam o solo (Vezzani e Mielniczuk, 2011). Entre esses organismos estão a fauna edáfica, que vivem permanentemente ou passam ao menos uma fase do seu desenvolvimento no solo ou na serapilheira, e exercem funções extremamente importantes para o ecossistema, como estruturação do solo, bioturbação, ciclagem de nutrientes, controle ecológico de herbívoros etc. (Dindal, 1990; Van der Putten et al., 2004; Anderson, 2009).

Segundo Swift, Heal e Anderson (1979), a fauna edáfica pode ser classificada de acordo com o seu diâmetro corpóreo em microfauna (<0.02 mm), mesofauna (0.2-2 mm) e macrofauna (2-20 mm) (Figura 1).

A microfauna vive preferencialmente nos microporos do solo e têm intrínsecas relações com as bactérias. Esses organismos não alteram a estrutura do solo, mas apresentam importantes funções dentro do fluxo de matéria no ambiente edáfico. Entre os organismos da microfauna estão os pouco estudados tardígrados, rotíferos e os protozoários. Os nematoides também entram como integrantes da microfauna do solo sendo mais conhecidos. Os protozoários, por exemplo, são conhecidos como os principais predadores de bactérias. Além de alterar a população bacteriana no ambiente edáfico devido à sua preferência alimentar, atuam diretamente na ciclagem de nutriente liberando cerca 70% do nitrogênio da biomassa bacteriana prontamente disponibilizado para a solução do solo como amônio (NH_4^+), que pode ser utilizado pelas plantas ou outros micro-organismos (Bonkowski; Dumack e Fiore-Donno, 2019).

Figura 1. Micro, meso e macrofauna do solo e seus diferentes tamanhos

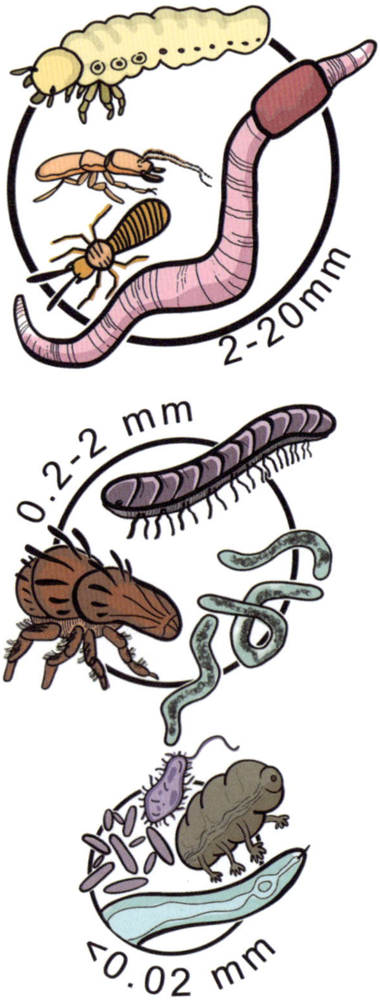

A mesofauna do solo, que compreende principalmente ácaros, colêmbolos e enchytraeidae, também é conhecida pelo termo "transformadores da serapilheira", uma vez que estes organismos ativamente fragmentam o resíduo vegetal, aumentando assim a superfície de contato de tal substrato com o solo, o que facilita o processo de decomposição por fungos e bactérias (Lavelle, 1997). Estes invertebrados têm íntima relação com as micorrizas, podendo alterar, indiretamente, a estrutura do solo devido à ação predatória por micorrizas (Siddiky et al., 2012).

Por sua vez, a macrofauna do solo também é conhecida pelo termo "engenheiros do ecossistema", uma vez que tem a capacidade de construir verdadeiras estruturas no solo (Lavelle et al. 1997; Lavelle et al., 2006). Os cupins, por exemplo, alteram os processos de aeração do solo, e muitas vezes são relacionados com solos de baixa fertilidade e alta acidez (Benito et al., 2004; Constantino, 2005). Por outro lado, as galerias construídas por minhocas e larvas de besouros no solo facilitam a infiltração de água e a difusão de oxigênio em seu interior. Além disso, as minhocas produzem um muco rico em polissacarídeos, capaz de ativar a microbiota presente no ambiente edáfico. Esses micro-organismos são ingeridos pelas minhocas e proporcionam o seu desenvolvimento graças a disponibilização de nutrientes essenciais para o seu desenvolvimento. Assim, o processo de mineralização de nutrientes continua nas fezes das minhocas (coprólitos), porém por tempo determinado, auxiliando dessa forma no aumento do estoque de carbono no solo (Lavelle, 1997).

A íntima relação da fauna do solo com as suas propriedades físicas, químicas e biológicas, somadas à alta sensibilidade destes organismos a mudanças no ecossistema, os tornam importantes indicadores de qualidade do solo (Zagatto et al., 2017; Pereira et al., 2018; Zagatto et al., 2019a). Por esse motivo, o acesso à população da fauna deve ser utilizado como ferramenta para tomadas de decisões para o manejo sustentável dos ecossistemas. Dessa forma, este capítulo tem por objetivo elucidar as principais metodologias para coletas, transporte e conservação de exemplares da microfauna, da mesofauna e da macrofauna do solo, visando à utilização destes organismos como indicadores de qualidade do solo, tanto para fins científicos quanto para a tomada de decisões.

2. PRINCIPAIS METODOLOGIAS USADAS PARA AMOSTRAGEM DE INVERTEBRADOS DO SOLO

2.1 MACROFAUNA DO SOLO - MÉTODO DO TSBF (Tropical Soil Biology and Fertility)

Para a macrofauna do solo, usualmente procede-se com a retirada de monólitos no campo com auxílio de um gabarito de 0,25 m x 0,25 m nas profundidades de 0-10 e 10-20 cm, utilizando-se de pá reta. A serapilheira deve ser previamente triada no campo para separação dos invertebrados epiedáficos (Figura 1) (Anderson; Ingran, 1993).

Figura 2. Coletas em campo de macrofauna do solo utilizando o método TSBF

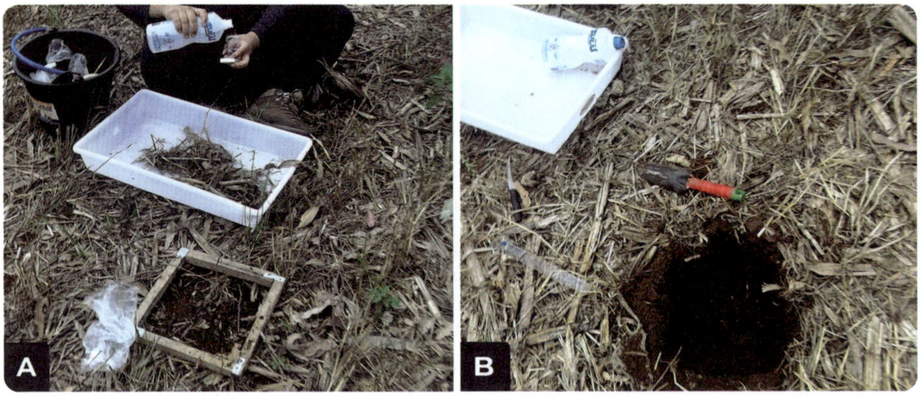

A) Triagem da serapilheira e delimitação para retirada de monólito de solo com um gabarito de 25 x 25 cm. B) Retirada de monólito de solo na profundidade de 0-10 cm.

Faz-se a coleta manual dos invertebrados do solo em bandejas plásticas, o mais rápido possível após a coleta de campo, conservando-os em álcool 70% (Figura 3). Não se deve peneirar o solo, e caso haja um volume muito grande de amostras de solo para triar, estas devem ser conservadas em temperatura ambiente (cerca de 23 °C) em sacos plásticos grandes, na ausência de sol, e com um mínimo de oxigênio no saco para que os invertebrados não morram asfixiados.

Figura 3. Catação manual dos invertebrados do solo. Em cada frasco contendo álcool 70%, pode-se colocar todos os invertebrados de uma determinada amostra

Posteriormente, os invertebrados coletados podem ser filtrados em papel filtro quantitativo faixa preta e identificados em placas de Petri via observação em microscópio estereoscópico. A identificação pode ser realizada dependendo do objetivo do trabalho, e os organismos podem ser classificados em ordens, grupos funcionais, famílias, gêneros e até mesmo espécie dos exemplares coletados. Caso haja a necessidade de realizar análises moleculares, os invertebrados devem ser conservados em álcool absoluto, do contrário pode-se mantê-los em álcool 70%.

Finalmente, os dados devem ser tabulados, e o ideal é que se trabalhe com densidade de mesofauna (indivíduos m^{-2}), uma vez que esta é uma forma de amostragem quantitativa, e tem-se uma área de solo devidamente conhecida (fornecida pelo gabarito de 25 x 25 cm). Como em um metro quadrado cabem 16 desses gabaritos, para se ter a densidade expressa em indivíduos/m2, basta multiplicar o número de indivíduos coletados por amostra (abundância de fauna) por 16. Em estudos com fauna de solo, pode-se calcular a riqueza (número de espécies, famílias ou ordens por amostra) e um índice de diversidade amplamente utilizado é o Índice de Simpson (IS=1-D), sendo D, a dominância, expressa pelo somatório das abundâncias relativas das espécies identificadas por amostra. Quanto maior o IS, maior a diversidade encontrada na amostra, pois menor é a dominância de uma espécie sobre as demais (Magurran, 2004).

2.2 MESOFAUNA DO SOLO – FUNIS DE BERLESE

Para a mesofauna do solo, as coletas podem ser feitas via funis de Berlese no campo, ou com a utilização de gabarito de 25 x 25 cm nas profundidades de 0-5 cm ou 0-10 cm (Figura 4), para posterior extração em baterias extratoras de Berlese (Zagatto *et al.*, 2019a; Zagatto *et al.*, 2019b). Como a mesofauna vive predominantemente na serapilheira e nas camadas superficiais do solo, é de extrema importância a avaliação da mesofauna no solo e na serapilheira separadamente (Zagatto *et al.*, 2019c).

Figura 4. Coletas de mesofauna do solo no campo via funis de Berlese (A) e utilizando-se gabarito de 25 x 25 cm (B)

Os funis de Berlese são estruturas capazes de receber um volume/área conhecida de solo em seu tubo coletor (Figura 5). Por isso, a forma de extração/coleta pode ser considerada quantitativa, uma vez que é possível extrapolar o número de indivíduos amostrados para indivíduos/m-2 (obtendo-se assim a densidade de mesofauna amostrada).

Figura 5. Estrutura de um funil de Berlese. Visão superior onde é possível notar a peneira de 2 mm na base do tubo coletor, na qual o solo ou serapilheira deve se sobrepor, o que garantirá a passagem da mesofauna edáfica

O solo ou serapilheira coletada a campo é posta acima de uma peneira com malha de 2 mm de diâmetro no funil (Figura 5), o que garante a extração de organismos pertencentes à mesofauna (0,2 a 2 mm de diâmetro corpóreo). Acima dos funis são colocadas lâmpadas incandescentes de 40 W, no entanto como estas não são mais fabricadas, pode-se utilizar lâmpadas halógenas de 100 W, uma vez que a temperatura gerada por estas lâmpadas halógenas equivale àquela das lâmpadas incandescentes de 40 W (observações pessoais dos autores). Dessa forma, devido ao gradiente de aumento de temperatura e redução de umidade ao longo das amostras de solo, os invertebrados migram para frascos contendo álcool 70% na base dos funis (Figura 6) (Karyanto *et al.*, 2010). Posteriormente, os invertebrados são triados e separados em microscópio estereoscópico, com auxílio de agulhas, pinças e pipetas de Pasteur, e identificados para a aplicação dos índices de riqueza (número de espécies, ordens, gêneros ou famílias por amostra) e de índices de diversidade.

Figura 6. Baterias extratoras de Berlese. O calor gerado pelas lâmpadas fará com que a mesofauna migre para a base do funil e caia em frascos contendo álcool 70%

2.3 PITFALL: UMA ABORDAGEM QUALITATIVA PARA SE AVALIAR A FAUNA DO SOLO

Uma metodologia empregada complementarmente às avaliações quantitativas de amostragens de mesofauna e macrofauna de solo é a utilização de armadilhas do tipo "pitfall" (Figura 7). Estas armadilhas consistem em enterrar frascos ou copos no solo, contendo álcool 50% ou uma solução de água acrescida de detergente na proporção de 15 mL de detergente para 1 L de água por um período previamente estipulado, comumente entre 3 e 5 dias. Para períodos maiores, recomenda-se solução de etilenoglicol, etanol e formol nas proporções 70:28:2. Passado o tempo predeterminado, as amostras são retiradas do solo, e a solução dos frascos trocada por álcool 80% para posterior identificação em microscópio estereoscópico da fauna coletada (Aquino; Menezes e Queiroz, 2008; Baretta *et al.*, 2014; Bartz *et al.*, 2014).

Figura 7. Instalação de armadilha do tipo "pitfall" sem inclusão de isca

Quando se pretende coletar invertebrados específicos, como, por exemplo, os besouros coprofágicos, popularmente denominados "rola-bostas", é possível a utilização de iscas (Arnaudin *et al.*, 2014; Asha *et al.*, 2021), para que estes grupos sejam atraídos, e então capturados (Figura 8).

Figura 8. Armadilha do tipo pitfall instalada com isca (esterco bovino fresco) para captura de besouros coprofágicos, família carabídeos

Dessa forma, armadilhas de "pitfall" são abordagens qualitativas de avaliação de fauna de solo, uma

vez que não há solo coletado para tal avaliação. Assim, as armadilhas de pitfall permitem uma avaliação de atividade da fauna do solo e geram dados de abundância de fauna (número bruto de indivíduos coletados por amostra) e possibilitam a aplicação de índices de diversidade.

3. MICROFAUNA DO SOLO: PROTOZOÁRIOS

A microfauna do solo compreende organismos microscópicos, logo muitos pesquisadores consideram grupos da microfauna como micro-organismos. Os organismos conhecidos como protozoários são extremamente diversos. Por exemplo, pode-se encontrar os microflagelados da ordem Spumella que chegam a medir 5 µm até amebas gigantes que medem 600 µm. Por esse motivo, há metodologias distintas para cada grupo específico de protozoários. Nesse caso, a metodologia proposta a seguir é ideal para coleta e identificação de amebas e flagelados, não para ciliados.

A coleta de solo para protozoários pode ser feita utilizando-se de uma pá de corte, trado ou trado holandês. A profundidade de coleta dependerá do objetivo do trabalho. Após a coleta, no laboratório é retirado apenas 1 g e solo, pois a comunidade de protozoários será contabilizada por massa de solo. Antes do início do trabalho, primeiramente é necessário testar a diluição correta do solo com a cultura extratora que será utilizada. Geralmente, a diluição entre o solo e solução está entre 1 g de solo para 150 a 250 mL de meio de cultura. Assim, se faz três diluições diferentes para a escolha mais adequada da diluição. Essa fase é importante, pois ao se diluir muito na hora da real checagem, poderá se perder muitos organismos, enquanto se concentrar demais, haverá abundância de protozoários, impossibilitando a contagem. Portanto, uma diluição de 1:225 é mais adequada para a maioria dos solos.

Dessa forma, segundo o método proposto por Butler e Rogerson (1995), primeiramente 1 g de solo é agitado em 225 mL por 20 minutos. Essa agitação tem por objetivo separar os protozoários das partículas do solo. A solução utilizada para a extração dos protistas é o meio PJ (solução de Prescott e James). Essa solução compreende a mistura de 1 mL de três soluções estoques. A primeira solução tem 0,433 g de $CaCl_2$ acrescida de 0,162 g de KCl em 100 mL de água; a segunda solução compreende 0,512 g de K2PO4 em 10 mL de água; a terceira solução deve ser feita com 0,280 g de MgSO4 em 100 mL de água. Finalmente, deve-se acrescentar à solução PJ, 0,15 g de folhas de aveia ou trigo moídas, após filtragem em papel filtro quantitativo faixa azul.

Após agitação, 10 mL da suspensão de solo é adicionada em 30 mL da solução descrita acima. Em seguida, alíquotas de 20 µL são retiradas dessa solução para preenchimento de placas de 96 focos (Figura 9) para posterior visualização em microscopia. Antes da primeira checagem em microscópio, a placa é deixada em ambiente controlado a 20°C. Após uma semana se faz a primeira checagem. Em cada foco deve ser anotado em um gabarito de papel o indivíduo que foi encontrado. Da mesma forma, a segunda checagem é realizada duas semanas após a primeira, uma vez que a comunidade de protozoários se altera ao longo do tempo, e alguns trofozoítos demoraram para sair da forma de cistos. As checagens ocorrem em microscópio com aumento de 40 x.

Figura 9. Visualização de protozoários com auxílio de placa de 96 focos e microscópio invertido. A segunda foto, são protozoários flagelados do gênero *Cercomonas*

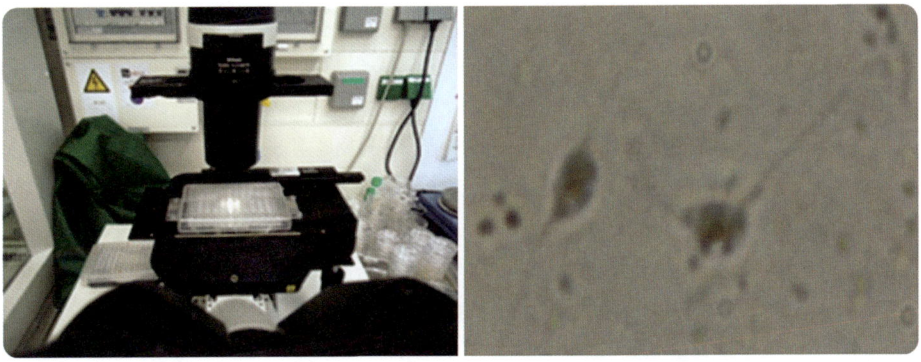

Após o término das checagens, o número de indivíduos encontrados em cada foco é contado. Para o cálculo do número de indivíduos, é necessário a umidade da amostra de solo. Essa umidade é obtida pela pesagem de 1 g de solo e posterior secagem em estufa a 110 °C durante 24 horas. A amostra seca é pesada novamente, e tem-se a umidade do solo pela diferença entre a massa do solo úmido e a massa do solo seco. Assim, obtém-se o número de indivíduos por grama de solo pela seguinte equação:

NI/[(UxVc)/(145x5)]

onde:
NI: Número de indivíduos por grama de solo
U: Massa de água
Vc: Volume de meio de cultura da suspensão do solo

4. CONSIDERAÇÕES FINAIS

O fato de não se encontrar determinada ordem, família ou espécie em algum sistema de uso do solo, não significa necessariamente que tal ordem não o habite, já que a distribuição da fauna no solo é muito heterogênea. Assim, muitas vezes é necessário aumentar o esforço amostral. Atenção especial deve ser dada ao transporte e armazenamento das amostras de solo: deve-se iniciar a catação manual de macrofauna do solo o mais rápido possível após a coleta, enquanto amostras contendo mesofauna devem ser levadas rapidamente para a extração em funis de Berlese. Não deve se vedar totalmente os sacos contendo o solo com os invertebrados após as coletas, e estes devem permanecer em temperatura ambiente até o momento da extração. Uma alternativa para que a fauna não morra nos sacos devido à ausência de oxigênio é a improvisação de um respirômetro nos sacos, que pode ser confeccionado com papel toalha.

Para se avaliar a diversidade de vida do solo, sendo qualquer organismo da macro, meso e microfauna é necessário paciência e muito tempo de dedicação na correta identificação de cada organismo. A presença de ferramentas moleculares, como, por exemplo, a análise de DNA, apesar de ser muito útil em alguns casos, deve ser usada com cautela. Por exemplo, no resultado de uma análise de DNA, pode aparecer a presença de alguns protozoários, porém esse protozoário pode estar na forma de cistos e não está funcionalmente ativo no sistema. Isso pode levar a alguns erros na tomada de decisões ao usar esses organismos como indicadores de qualidade do solo.

REFERÊNCIAS

ANDERSON, J. M. Why should wc care about soil fauna? **Pesquisa Agropecuária Brasileira**, v. 44, p. 835-842, 2009.

ANDERSON, J. M.; INGRAN, J. S. I. **Tropical soil biology and fertility**: a handbook of methods. 2. ed. Wallingford: C.A.B. International, 1993. 240 p.

AQUINO, A. M. A.; MENEZES, E.; QUEIROZ, J. M. **Recomendações para coleta de artrópodes terrestres por armadilhas de queda ("pitfall traps")**. Circular Técnica 18. Seropédica: Embrapa Agrobiologia, 2008. 8 p.

ARNAUDIN, M. E. *et al.* Dung beetle (Coleoptera: Scarabaeidae) abundance and diversity in alpaca pastures of Virginia USA. **Journal of Entomological Science**, v. 49, p. 97-109, 2014.

ASHA, G. *et al.* Roller dung beetles of dung piles suggest habitats are alike, but that of guarding pitfall traps suggest habitats are different. **Journal of Tropical Ecology**, v. 37, p. 209-213, 2021.

BARETTA, D. *et al.* Soil fauna and its relation with environmental variables in soil management systems. **Revista Ciência Agronômica**, v. 45, p. 871-879, 2014.

BARTZ, M. L. C. *et al.* The influence of land use systems on soil and surface litter fauna in the western region of Santa Catarina. **Revista Ciência Agronômica**, v. 45, p. 880-887, 2014.

BENITO, N. P. *et al.* Transformations of soil macroinvertebrate populations after native vegetation conversion to pasture cultivation (Brazilian Cerrado). **European Journal of Soil Biology**, v. 40, p. 147-154, 2004.

BONKOWSKI, M.; DUMACK, K.; FIORE-DONNO, A. M. The protists in soil: a token of untold eukaryotic diversity. In: VAN ELSAS, J. D.; TREVORS, J. T.; ROSADO, A. S.; NANNIPIERI, P. **Modern Soil Microbiology**. Boca Raton: CRC Press, 2019. p. 516.

BUTLER, H.; ROGERSON, A. Temporal and spatial abundance of naked amebas (Gymnamoebae) in marine benthic sediments of the Clyde-Sea area, Scotland. **Journal of Eukaryotic Microbiology**, v. 42, p. 724-730, 1995.

CONSTANTINO, R. Padrões de diversidade e endemismo de térmitas no bioma cerrado. In: SCARIOT, A.; SOUZA-SILVA, J. C.; FELFILI, J. M. **Cerrado**: ecologia, biodiversidade e conservação. Brasília: Ministério do Meio Ambiente, 2005. p. 319-333.

DINDAL, D. **Soil biology guide**. New York: John Wiley & Sons, 1990. 1349 p.

GONZALEZ, G. *et al.* Soil ecological interactions: comparisons between tropical and subalpine forests. **Oecologia**, v. 128, p. 549-556, 2001.

KARYANTO, A. *et al.* Collembola, Acari e outros grupos da mesofauna do solo - O método de Berlese. *In*: MOREIRA, F. M. S.; BIGNELL, D. E.; HUISING, E. J. **Manual de biologia dos solos tropicais**: amostragem e caracterização da biodiversidade. Lavras: Editora UFLA, 2010. p. 367.

LAVELLE, P. Faunal activities and soil processes: adaptive strategies that determine ecosystem function. **Advances in Ecological Research**, v. 27, p. 93-132, 1997.

LAVELLE, P. *et al.* Soil function in a changing world: the role of invertebrate ecosystem engineers. **European Journal of Soil Biology**, v. 33, p. 159-193, 1997.

LAVELLE, P. *et al.* Soil invertebrates and ecosystem services. **European Journal of Soil Biology**, v. 42, p. S3-S15, 2006.

MAGURRAN, A. **Measuring biological diversity**. 2004. 275 p.

PEREIRA, A. P. A. *et al.* Impact of pesticides application on epigeic fauna in tomato cultivation. **Journal of Experimental Agricultural International**, v. 22, p. 1-9, 2018.

SIDDIKY, R. K. *et al.* Soil biota effects on soil structure: interactions between arbuscular mycorrhizal fungal mycelium and collembola. **Soil Biology and Biochemistry**, v. 50, p. 33-339, 2012.

SWIFT, M. J.; HEAL, O. W.; ANDERSON, J. M. **Decomposition in terrestrial ecosystems**. 1. ed. Berkeley: University of California Press, 1979.

VAN DER PUTTEN, W. H. *et al.* Trophic interactions in a changing world. **Basic and Applied Ecology**, v. 5, p. 487-494, 2004.

VEZZANI, F. M.; MIELNICZUK, J. **O solo como sistema**. Curitiba: Edição dos Autores, 2011. 104 p.

ZAGATTO, M. R. G. *et al.* Soil invertebrates in different land use systems: how integrated production systems and seasonality affect soil mesofauna communities. **Journal of Agricultural Science and Technology B**, v. 7, p. 150-161, 2017.

ZAGATTO, M. R. G. *et al.* Interactions between mesofauna, microbiological and chemical soil attributes in pure and intercropped Eucalyptus grandis and Acacia mangium plantations. **Forest Ecology and Management**, v. 433, p. 240-247, 2019a.

ZAGATTO, M. R. G. *et al.* Soil mesofauna in consolidated land use systems: how management affects soil and litter invertebrates. **Scientia Agricola**, v. 76, p. 165-171, 2019b.

ZAGATTO, M. R. G. *et al.* Acacia mangium increases the mesofauna density and diversity in the litter layer in Eucalyptus grandis plantations. **European Journal of Soil Biology**, v. 94, p. 103100, 2019c.

H_2O
O_2

OLIGOCHAETA

2.

Thuanne Braúlio Henniga[1], Felipe Ogliari Bandeira[1], Pâmela Niederauer Pompeo[2]

[1]**Doutorado em Engenharia Ambiental, Universidade Federal de Santa Catarina (UFSC)**
Laboratório de Toxicologia Ambiental, Departamento de Engenharia Ambiental e Sanitária
Endereço: Florianópolis - SC - CEP 88040-970
E-mail: tbrauliohennig@gmail.com e bandeira.felipeog@gmail.com

[2]**Doutorado em Ciência do Solo, Universidade do Estado de Santa Catarina (UDESC)**
Departamento de Solos e Recursos Naturais
Endereço: Lages - SC - CEP 88520-000
E-mail: pamniederauer@gmail.com

1. INTRODUÇÃO

A classe Oligochaeta compreende importantes grupos de organismos que vivem no solo, sendo conhecidos como "oligoquetas" (Figura 1).

Figura 1. Minhocas e sua interação com o solo

Devido ao grande número de espécies existentes e pela densidade de sua ocorrência em ambientes edáficos, as minhocas são as principais representantes dos oligoquetas e pertencem ao grupo da macrofauna do solo. Estima-se que as minhocas representam cerca de 80% da biomassa da biota que vive no solo (Velki e Ečimović, 2017), com aproximadamente 30 mil espécies descritas no mundo todo (Orgiazzi *et al.*, 2016). Entre as oligoquetas, há também os enquitreídeos, representantes do grupo da mesofauna, que apresentam tamanho reduzido em relação às minhocas, mas que são igualmente abundantes no solo. Apesar da diversidade de espécies de enquitreídeos ser pouco estudada, estima-se que existam mais de 950 espécies distribuídas ao redor do mundo (Jänsch; Römbke e Didden, 2005), as quais são responsáveis por uma série de funções no interior do solo.

Ambos os grupos de oligoquetas apresentam comportamentos e atividades que os tornam fundamentais para a manutenção da qualidade e saúde do solo. Estes organismos contribuem com o incremento da fertilidade do solo, a partir da decomposição e incorporação da matéria orgânica no solo; favorecem a porosidade, oxigenação e melhoria da estrutura física do solo, por meio da formação de estruturas biogênicas e construção de galerias no interior do solo e; também atuam na ativação de agentes decompositores microbianos e no controle de patógenos no interior do solo (Ertiban, 2019).

Ainda que evidente a contribuição dos oligoquetas na manutenção da saúde do solo, por muito tempo somente os atributos físicos e químicos eram considerados indicadores na avaliação da qualidade do solo (Maurya *et al.*, 2020). No entanto, por serem abundantes, em razão dos serviços ecossistêmicos que prestam e por serem altamente responsivos a estresses ambientais, os organismos edáficos, como as minhocas e enquitreídeos, têm chamado a atenção para a sua função de indicadores ecológicos (Alkotra *et al.*, 2003; Brussaard; Ruiter; Brown, 2007; Maurya *et al.*, 2020). Com esta função, estes organismos podem ser utilizados na avaliação da qualidade ambiental e das condições ecossistêmicas do solo, por meio de estimativas de riqueza e diversidade de espécies (Römbke; Jänsch; Didden, 2005; Singh *et al.*, 2018).

Para o uso de oligoquetas como indicadores ecológicos, alguns métodos de coleta e de avaliação da ocorrência destes organismos no solo vêm sendo empregados para análises ambientais. Para análises quantitativas, o método *Tropical Soil Biology and Fertility* (TSBF) é um dos mais utilizados para a quantificação de minhocas a partir da amostragem de monólitos de solo (Azevedo *et al.*, 2010). Já para a quantificação de enquitreídeos, o método de coleta por anéis e extração por via úmida quente é o mais recomendado (O'Connor, 1955; Niva *et al.*, 2015; Alexandre *et al.*, 2022). A respeito das análises qualitativas, existe uma série de métodos como vibração mecânica, extração química, estímulo elétrico e catação manual, capazes de avaliar a ocorrência de oligoquetas *in situ*.

Todos os métodos acima mencionados são considerados válidos para análises de diversidade e riqueza de espécies de oligoquetas no solo. No entanto, a escolha do método de coleta mais adequado e mais sustentável deve ser feita com criteriosidade, conforme as particularidades do estudo de análise ambiental a ser conduzido.

2. MÉTODOS DE COLETA DE OLIGOQUETAS

Os métodos quantitativos e qualitativos de coleta de oligoquetas serão descritos a seguir.

2.1 MÉTODOS QUANTITATIVOS

2.1.1 TSBF para a amostragem de minhocas

Este método consiste na coleta de uma amostra de solo com dimensões conhecidas e possibilita a amostragem de minhocas e outros organismos da macrofauna edáfica. Esta metodologia de amostragem foi recomendada pelo programa *Tropical Soil Biology and Fertility* (Anderson; Ingram, 1993) e tem seu uso padronizado por meio da *International Organization for Standardization* 23611-5 (ISO, 2011). O método é considerado quantitativo, pois permite estimar o número de indivíduos por m^2 (densidade). A coleta de monólitos do TSBF também já foi utilizada para amostragem de enquitreídeos, contudo, esse tipo de amostragem com triagem manual a olho nu pode subestimar a abundância de enquitreídeos em uma determinada área, não sendo, portanto, o mais recomendado para estes organismos (Niva *et al.*, 2015).

2.1.1.1 Material usado para coleta

- Marcador (amostrador) de chapas galvanizadas ou aço inoxidável de 25 x 25 cm, com ~5 cm de profundidade, com bordas afiadas para marcar o solo;
- Pá reta (corte), para o corte do solo e retirada do monólito de solo;
- Marreta, para auxiliar no processo de inserção do amostrador e da pá no solo;

- Saco plástico grande e resistente para acondicionar o monólito de solo do momento da sua coleta até a sua triagem;
- Caneta marcadora para identificação das amostras;
- Bandejas, pinças e luvas descartáveis para o processo de triagem;
- Frascos plásticos ou de vidro e solução formalina (formol) 4% para armazenar os organismos coletados;
- Placas de Petri;
- Microscópio estereoscópico ou lupa.

2.1.1.2 Procedimento de coleta, transporte e conservação

O marcador de ferro deve ser posicionado na superfície do solo com o auxílio de uma marreta e da pá de corte. Após a inserção do marcador de ferro no solo, retira-se o monólito de solo que corresponde às dimensões do marcador. Para facilitar a retirada da amostra, geralmente é necessário cavar uma vala ao lado do amostrador. A profundidade do bloco de solo a ser retirado pode variar entre 10, 20 e 30 cm de profundidade, dependendo do objetivo da amostragem. Quando se deseja coletar espécies endogeicas de minhocas em regiões tropicais, por exemplo, uma coleta em maior profundidade é recomendada (ISO 23611-5, 2011).

Figura 2. Amostragem de solo por TSBF. Marcador de ferro galvanizado (1); corte da amostra de solo com a pá (2); retirada do monólito de solo e armazenamento em saco plástico para posterior triagem manual (3); minhoca retirada da amostra por catação manual a olho nu (4)

Após a retirada do solo, acondiciona-se o monólito em um saco plástico para transporte do campo para a área onde será realizada a triagem (catação manual) (Figura 2). A triagem dos organismos deve ser realizada o mais rapidamente possível, a fim de evitar perdas de organismos viáveis, o que pode subestimar a análise. Todos os organismos visíveis a olho nu devem ser separados manualmente e colocados em frascos contendo formol. Para os organismos de corpo mole, como as oligoquetas, recomenda-se o armazenamento em formol por, no mínimo, 4 dias, depois podem ser transferidas para álcool etílico 70%. Posteriormente, os organismos de cada amostra são contados e identificados com auxílio de microscópio estereoscópico ou lupa de mão.

2.1.2 Coleta com anéis para amostragem de enquitreídeos e extração

Para a amostragem dos enquitreídeos (*Enchytraeidae*), é recomendado seguir o protocolo ISO 23611-3 (2007), que consiste na coleta de uma amostra de solo indeformada, com o auxílio de um anel de metal. Os enquitreídeos são organismos de corpo frágil e sofrem ressecamento rapidamente se não forem extraídos do solo da forma correta. Nesse contexto, eles podem ser extraídos pelo método de extração por via úmida quente ou fria (O'Connor, 1955; Niva *et al.*, 2010; 2015; Alexandre *et al.*, 2022). A seguir, é descrito o método de extração úmida quente por ser considerado o mais adequado para a determinação da abundância e estudos de diversidade de enquitreídeos (Niva *et al.*, 2015). Esta metodologia vem sendo utilizada no Brasil e demonstra ótimos resultados na avaliação de enquitreídeos do solo (Alexandre *et al.*, 2022; Kraft *et al.*, 2022).

Material usado para a coleta:

- Anel metálico com dimensões de 5 cm de diâmetro x 5 cm de altura;
- Batedor de anel com capacidade para suportar as dimensões do anel metálico;
- Marreta;
- Sacos plásticos para acondicionar as amostras;
- Caixa térmica para transporte;
- Canivete;
- Caneta marcadora para identificação das amostras.

Procedimento de coleta, transporte e conservação:

Primeiramente deve ser removido o excesso de vegetação e/ou resíduos orgânicos da superfície do solo, em seguida insere-se o anel no solo e, com o auxílio do batedor de anéis e da marreta, o anel deve ser cravado no solo. O anel contendo a amostra deve ser retirado do solo utilizando um canivete, com muito cuidado para não perder parte da amostra de dentro do amostrador. Em seguida, a amostra de solo é transferida para um saco plástico e acondicionada dentro da caixa térmica. As amostras devem ser transportadas para o laboratório e mantida em sala com temperatura controlada (18 ± 2 °C) até o processamento.

Material utilizado na extração de enquitreídeos via úmida quente:

- Peneira plástica ~15 cm de diâmetro;
- Flanela porosa;
- Funil plástico ~19 cm de diâmetro;
- Mangueira com válvula acoplada na extremidade;
- Lâmpada incandescente;
- Recipiente com capacidade de armazenamento de 1,5 L.

Procedimento de extração de enquitreídeos via úmida quente:

As amostras de solo são colocadas em peneira plástica, forrada com uma flanela porosa e acoplada em um funil plástico. Uma mangueira e uma válvula são conectadas na extremidade inferior do funil. O conjunto (funil + mangueira) é preenchido com água. A amostra, que está em contato com a água, é então aquecida por uma lâmpada de modo que a temperatura na superfície da água alcance entre 40-50 °C. O calor produzido pela lâmpada induz os enquitreídeos a se moverem para baixo, do solo para a água, caindo pela válvula ligada à extremidade inferior do funil (Figura 3).

Após 3 horas de aquecimento, a válvula é aberta e os enquitreídeos são coletados em recipientes com capacidade de 1,5 litros e são analisados. Após deixar a amostra decantar por cerca de 10 minutos, o excesso de água deve ser cuidadosamente descartado, evitando a perda de material sólido, uma vez que os organismos podem ser facilmente confundidos com sedimentos que podem estar presentes na amostra. Posteriormente, o material decantado é transferido para placas de Petri e visualizado em microscópio estereoscópico para identificação e contagem dos enquitreídeos *in vivo* (Alexandre, 2019; Alexandre *et al.*, 2022).

2.2 MÉTODOS QUALITATIVOS

Os métodos qualitativos, classificados como comportamentais ou passivos, utilizam técnicas que forçam a saída dos oligoquetas do interior do solo para a superfície, e, portanto, não incluem a coleta de amostras de solo para a triagem de organismos. Os métodos qualitativos mais conhecidos e utilizados em estudos de biodiversidade de minhocas são os métodos de vibração mecânica, extração química, estímulos elétricos e catação manual, os quais serão brevemente abordados a seguir.

Figura 3. Dispositivo de extração úmida com aquecimento para enquitreídeos

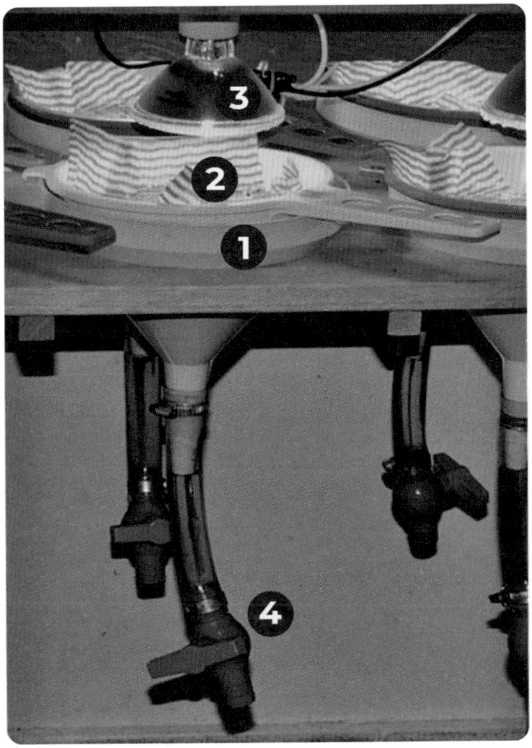

A amostra de solo em uma peneira plástica forrada com uma flanela porosa (1); amostra submersa em água mineral preenchendo o funil de 19 cm de diâmetro (2); lâmpada de 75V que aquece a amostra (3); válvula plástica (4) presa à saída do funil por uma mangueira plástica. ***Fonte:*** *Niva et al. (2015).*

2.2.1 Vibração mecânica

O método de vibração mecânica para extração de oligoquetas funciona a partir da aplicação de vibrações no solo. Para isso, podem ser utilizados equipamentos vibratórios, como geofones (Mitra *et al.*, 2009) ou a inserção de estacas de madeira no solo que, ao serem friccionadas na superfície exposta, geram vibrações no interior do solo (Rhea-Fournier; González, 2017). Essas vibrações forçam que as minhocas que vivem em frações profundas do solo se movam para a superfície, permitindo que sejam contabilizadas manualmente (Edwards; Aracon, 2022).

Pela praticidade, este método é recomendado para grandes áreas de estudo. No entanto, é importante destacar que a perturbação intensa do solo mediante mecanismos de vibração pode resultar em danos ao ecossistema terrestre, bem como afetar negativamente as populações de minhocas a longo prazo (Edwards; Aracon, 2022). Portanto, é importante usar esse método com cautela e sempre considerar o impacto ambiental de sua aplicação.

2.2.2 Extração química

O método de extração química de oligoquetas do solo envolve a aplicação de uma substância conhecida, em uma área delimitada, capaz de causar irritações fisiológicas às minhocas, forçando-as a emergir para a superfície, onde elas são separadas manualmente. A substância mais reportada para aplicação no método é a formalina, também utilizada no método TSBF (Alves; Bandeira; Hennig, *et al.*, 2021), mas outras substâncias como o permanganato de potássio (Evans; Guild, 1947), detergentes (Eaton; Chandler, 1942), metanol (Raw, 1960), *hot mustard* ou isotiocianato de alila (Gunn, 1992; Lawrence; Bowers, 2002) e extrato/solução de *Allium cepa* (Randle; Lancaster, 2002; Steffen *et al.*, 2013) também podem ser empregadas.

Ainda que seja eficaz, barato e não resulta em deformação física do solo, a toxicidade causada pela aplicação dessas substâncias irritantes é uma desvantagem preponderante deste método, podendo tornar sua aplicação inviável dependendo do contexto de extração (Edwards; Aracon, 2022).

2.2.3 Estímulos elétricos

A extração de oligoquetas por estímulos elétricos envolve a aplicação de uma corrente elétrica no interior do solo por meio da inserção de eletrodos. A corrente aplicada faz com que as minhocas tenham um estímulo muscular involuntário que força seu movimento em direção à superfície do solo, facilitando a amostragem dos indivíduos (Thielemann, 1986; Lavelle, 1978).

Ainda que este método não resulte em contaminação ambiental ou mesmo em deformação física do solo, o método de extração e oligoquetas por estímulos elétricos não é considerado sustentável devido aos efeitos deletérios que a corrente aplicada pode causar nos oligoquetas e em outros organismos que compõem o ecossistema terrestre (Raouane; El Harti, 2020).

2.2.4 Catação manual

A catação manual, também conhecida como *hand-sorting*, envolve delinear pontos de coleta em uma determinada área, onde serão perfurados buracos (Bartz *et al.*, 2014). Com a ajuda de uma pá ou colher de jardim, o solo da seção em escavação é depositado em uma peneira, onde serão separados os organismos do solo, possibilitando a amostragem dos indivíduos maiores, mas também dos indivíduos menores e até mesmo dos casulos (Edwards; Aracon, 2022).

Este método é muito recomendado para a amostragem de minhocas nativas de tamanho maior e, ainda que o método seja mais trabalhoso e demorado em comparação com os métodos qualitativos apresentados anteriormente, este é o mais ambientalmente sustentável e, portanto, recomendado para amostragem de oligoquetas do solo (Alves; Bandeira; Hennig, 2021).

3. CONSIDERAÇÕES FINAIS

As oligoquetas são importantes representantes da fauna do solo, e têm funções fundamentais para a manutenção da qualidade do solo. Dentre as oligoquetas, as minhocas e os enquitreídeos têm grande relevância ecossistêmica, além da alta responsividade aos estressores ambientais, o que os caracteriza como excelentes bioindicadores ecológicos. Neste sentido, a amostragem de oligoquetas no solo é uma técnica amplamente empregada para a avaliação da qualidade do solo, pois fornece informações sobre a riqueza e diversidade de espécies.

Os métodos de amostragem de oligoquetas podem ser divididos em métodos quantitativos, tal como o *Tropical Soil Biology and Fertility* (TSBF) para minhocas e o método de coleta de enquitreídeos com anéis, e os métodos qualitativos, como vibração mecânica, extração química, estímulo elétrico e catação manual. Embora todas as técnicas descritas tenham sua aplicabilidade, a escolha do método a ser empregado depende do objetivo da análise e deve sempre visar a maior representatividade da biota local, com a menor perturbação e impacto ambiental possíveis.

REFERÊNCIAS

ALEXANDRE, D. **Fragmentação da paisagem e estrutura da comunidade de invertebrados edáficos**. 2019. 166 p. Dissertação (Mestrado em Ciência do Solo) - Universidade do Estado de Santa Catarina, Programa de Pós-Graduação em Ciência do Solo, Lages, 2019.

ALEXANDRE, D.; NIVA, C. C.; BUSSINGER, A. P.; MARCHÃO, R. *et al.* First record on enchytraeids in a Savanna Tall Woodland (Cerradão) and Upper Montane Atlantic Forest in Brazil. **Anais da Academia Brasileira de Ciências, v. 94, n. 4, e20200892, 2022.**

ALKOTRA, I.; AIZIPURUA, A.; RIGA, P.; ALBIZU, I. *et al.* Soil enzyme activities as biological indicators of soil health. **Reviews on Environmental Health**, v. 18, p. 4-15, 2003.

ALVES, P. R. L.; BANDEIRA, F. O.; HENNIG, T. B. Ecological role of earthworms as bioindicators of soil health. In: VIG, A. P.; SINGH, J.; SUTHAR, S. **Earthworm engineering and applications**. New York: Nova Science Publishers, 2021.

ANDERSON, J. M.; INGRAM, J. S. I. **Tropical soil biology and fertility**: a handbook of methods. Wallingford: C.A.B. International, 1993. 265 p.

AZEVEDO, P. T. M. *et al.* Populações de minhocas amostradas por diferentes métodos de coleta (elétrico, químico e manual) em ecossistemas da região de Londrina, Paraná, Brasil. **Acta Zoológica Mexicana**, v. 26, p. 79-93, 2010.

BARTZ, M. L. C.; BROWN, G. G.; ROSAET, M. G. Earthworm richness in land-use systems in Santa Catarina, Brazil. **Applied Soil Ecology**, v. 83, p. 59-70, 2014.

BRUSSAARD, L.; RUITER, P. C.; BROWN, G. G. Soil biodiversity for agricultural sustainability. **Agriculture, Ecosystems and Environment**, v. 121, n. 3, p. 233-244, 2007.

EATON, T. H.; CHANDLER, R. F. The fauna of forest-humus layers in New York. **Journal of the Washington Academy of Sciences**, v. 32, p. 24-29, 1942.

EDWARDS, C. A.; ARANCON, N. Q. **Biology and ecology of earthworms**. 4. ed. New York: Springer, 2022.

ERTIBAN, S. M. Soil fauna as webmasters, engineers and bioindicators in ecosystems: implications for conservation ecology and sustainable agriculture. **American Journal of Life Sciences**, v. 7, p. 17-26, 2019.

EVANS, A. C.; GUILD, W. J. M. Studies on the relationship between earthworms and soil fertility. Biological studies in the field. Annals of Applied Biology, v. 34, p. 307-330, 1947.

GUNN, A. The use of mustard to estimate earthworm populations. **Pedobiologia**, v. 36, p. 65-67, 1992.

ISO - INTERNATIONAL ORGANIZATION FOR STANDARDIZATION. **Soil quality – Sampling soil invertebrates – Part 3**: Sampling and soil extraction of enchytraeids. ISO 23611-3, 2007.

ISO - INTERNATIONAL ORGANIZATION FOR STANDARDIZATION. **Soil quality – Sampling of soil invertebrates – Part 5**: Sampling and extraction of soil macro-invertebrates. ISO 23611-5, 2011.

JÄNSCH, S.; RÖMBKE, J.; DIDDEN, W. The use of enchytraeids in ecological soil classification and assessment concepts. **Ecotoxicology and Environmental Safety**, v. 62, p. 266-277, 2005.

KRAFT, E. *et al.* First record of Enchytraeidae in a no-tillage system in Southern Brazil. **Pedobiologia**, v. 95, p. 150846, 2022.

LAWRENCE, A. P.; BOWERS, M. A. A test of the 'hot' mustard extraction method of sampling earthworms. Soil Biology and Biochemistry, v. 34, p. 549-552, 2002.

LAVELLE, P. Les vers de terre de la savane de Lamto (Côte d'Ivoire): peuplements, populations et fonctions dans l'écosystème. Tese (Doutorado) – Université Paris VI, Publ Lab Zool École Normale Supérieure, 1978.

MAURYA, S. *et al.* Indicators for assessment of soil quality: a mini-review. Environmental Monitoring and Assessment, v. 192, p. 604, 2020.

MITRA, O. *et al.* Grunting for worms: seismic vibrations cause Diplocardia earthworms to emerge from the soil. **Biology Letters**, v. 5, p. 16-19, 2009.

NIVA, C. C. *et al.* Enchytraeid abundance in Araucaria Mixed Forest determined by cold and hot wet extraction. **Brazilian Journal of Biology**, v. 75, n. 4, p. 169-175, 2015. Disponível em: https://www.scielo.br/j/bjb/a/kFcdj4gJmcMQRhRYRybM7yS/?lang=en#

NIVA, C. C.; RÖMBKE, J.; SCHMELZ, R. M.; BROWN, G. Enquitreídeos (Enchytraeidae, Oligochaeta, Annelida). In: MOREIRA, F. M. S.; HUISING, J.; BIGNELL, D. E. (Eds.). **Manual de biologia dos solos tropicais**. Lavras: UFLA, 2010. p. 351-361.

ORGIAZZI, A. *et al.* **Global soil biodiversity atlas**. Luxembourg: European Commission, Publications Office of the European Union, 2016. 176 p.

O'CONNOR, F. B. Extraction of enchytraeid worms from a coniferous forest soil. Nature, v. 175, p. 815-816, 1955.

RANDLE, W. M.; LANCASTER, J. E. Sulphur compounds in alliums in relation to flavour quality. In: RABINOWITCH, H. D.; CURRAH, L. (Eds.). **Allium crop science**: recent advances. Wallingford: CABI, 2002. p. 330-350.

RAOUANE, M.; EL HARTI, A. Effect of electrical stimulation on the production of cutaneous excreta by the earthworm Lumbricus terrestris. **Bulletin de la Société Royale des Sciences de Liège**, v. 89, p. 74-84, 2020.

RAW, F. Earthworm population studies: a comparison of sampling methods. Nature, ed. 4733, 1960.

RHEA-FOURNIER, D.; GONZÁLEZ, D. G. Methodological considerations in the study of earthworms in forest ecosystems. In: CHAKRAVARTY, S.; SCHUKLA, G. **Forest ecology and conservation**. Rijeka: InTech, 2017.

RÖMBKE, J.; JÄNSCH, S.; DIDDEN, W. The use of earthworms in ecological soil classification and assessment concepts. **Ecotoxicology and Environmental Safety**, v. 62, p. 249-265, 2005.

SINGH, J. *et al.* Eco-friendly method for the extraction of earthworms: comparative account of formalin, AITC and Allium cepa as extractant. **Applied Soil Ecology**, v. 124, p. 141-145, 2018.

STEFFEN, G. P. K. *et al.* Earthworm extraction with onion solution. **Applied Soil Ecology**, v. 69, p. 28-31, 2013.

THIELEMANN, U. Elektrischer regenwurmfang mit der oktett-methode. **Pedobiologia**, v. 29, p. 296-302, 1986.

VELKI, M.; EČIMOVIĆ, S. **Earthworms** as a suitable organism for soil pollution monitoring: Possibilities and limitations. In: HORTON, C. G. Earthworms: types, roles, and research. New York: Nova Science Publishers, 2017.

NEMATOIDES

3.

Carmem Dolores Gonzaga Santos e Francisco Bruno da Silva Café

Universidade Federal do Ceará (UFC), Centro de Ciências Agrárias, Departamento de Fitotecnia, Setor de Fitossanidade.
Endereço: Rua Campus do Pici S/N - Bloco 847 - Campus do Pici - Fortaleza - CE - CEP 60440-554
E-mail: carmelo.ufc@gmail.com e bruno.cafe@outlook.com

1. INTRODUÇÃO

Os nematoides (Filo Nemata) são os metazoários mais abundantes do reino animal e estão distribuídos nos mais diversos ambientes e climas, habitando em águas e em todo tipo de solo. Existem espécies de nematoides que são parasitas e outras que, em sua maioria, são de vida livre. Os nematoides parasitas podem estar associados a animais, ao homem e às plantas, causando-lhes numerosas doenças e provocando, muitas vezes, a sua morte. Os nematoides de vida livre alimentam-se da microbiota presente no soluto da água e no solo, contribuindo para o equilíbrio da microfauna, e participam da decomposição de matéria orgânica colaborando para a disponibilidade de nutrientes no solo. Estima-se que um hectare, em uma camada de solo na profundidade de 20 cm, pode ser encontrado mais de 7 bilhões de indivíduos. Sua abundância na natureza deve-se, principalmente, à sua elevada capacidade de adaptação, ciclo curto e de sobrevivência em situações de estresse.

Dentre os parasitas, os que afetam vegetais são capazes de infectar o sistema radicular, bulbos, caules ou folhas, sendo as raízes, o alvo mais comum, resultando em elevado prejuízo para numerosas culturas em todo o mundo. Os fitonematoides requerem a presença de umidade para completarem seu ciclo de vida, entrando em dormência (quiescência) em material vegetal ou no solo, por meses ou anos em situações adversas, principalmente por falta de umidade (anidrobiose), retornando à atividade, porém, com a reversão da adversidade.

A sintomatologia comumente provocada por fitonematoides em raízes é diversificada conforme a espécie presente. Incluem tumores ou galhas (*Meloidogyne* spp.), lesões (*Pratylenchus* spp.), cavernas (*Radopholus similis*), raízes truncadas (*Xiphinema* spp.), necroses (*Scutellonema* spp., *Helicotylenchus* spp.), redução no volume (*Rotylenchulus reniformis*), engrossamento (*Tylenchulus semipenetrans*) ou com a presença de cistos (*Heterodera* spp., *Cactodera cacti*), entre outros. Em folhas, são observadas descoloração, distorções e/ou necroses (*Aphelenchoides* spp., *Ditylenchus dipsaci*) e no caule, o sintoma interno pode ser de pigmentação antociânica (*Bursaphelenchus cocophilus*).

A introdução de fitonematoides em uma área pode ocorrer por meio de material propagativo, principalmente mudas infectadas, e sua dispersão no campo resulta do movimento de solo provocado pelas chuvas, água de irrigação, tráfego de máquinas e implementos agrícolas. Fitonematoides têm distribuição desuniforme no campo, sendo comum a observação de sintomas em reboleiras nos cultivos.

Os sintomas secundários, ou reflexos, observados na parte área de plantas com a raiz infectada por fitonematoides incluem clorose, amarelecimento, murcha e subdesenvolvimento, principalmente nas horas mais quentes do dia. Esses sintomas são, no entanto, semelhantes ao de outros fitopatógenos, como fungos e bactérias que afetam as raízes ou sistema vascular da planta, ou ainda confundidos com os de deficiência mineral sendo, portanto, necessária a coleta e a análise de solo e de amostras de plantas afetadas para a correta diagnose.

As maiores quantidades de nematoides e de suas atividades ocorrem nos primeiros 30 cm do solo em razão de maior umidade, de temperatura adequada e de maior abundância de massa de raízes presentes. No entanto, nematoides podem ser encontrados em camadas mais profundas de solo, como no caso do sistema radicular de frutíferas infectadas.

Para se constatar que nematoides presentes numa determinada área representam ameaça às culturas que serão ali implantadas ou para se constatar que uma espécie vegetal exibindo os mencionados sintomas reflexos está, de fato, infectada por fitonematoides, deve-se proceder a coleta de amostras representativas da área. Uma correta amostragem inicia-se com a sistematização da área, separando-a em talhões conforme o tipo de solo, a irrigação, a declividade do terreno, a cultura, entre outras, e empregando-se procedimentos e os materiais adequados.

Material usado para coleta de solo e de raízes:

2. COLETA DE AMOSTRAS DE SOLO

Considerando a distribuição desuniforme de fitonematoides, recomenda-se que a amostragem de solo em uma área na fase de pré-plantio seja realizada com o caminhamento em zigue-zague, estabelecendo, inicialmente, o número de pontos de coleta de amostras conforme o tamanho da área. Para uma amostragem criteriosa de uma área de 2 hectares, deverão ser coletadas 15 a 20 amostras simples de 500 g de solo (subamostras). A coleta deve envolver o solo da camada de 5 a 30 cm, desprezando-se os primeiros 5 cm em razão do ressecamento de nematoides nessa faixa superficial. As subamostras de solo devem estar úmidas, com capacidade de campo entre 50 a 70%, e alocadas em um mesmo balde. Ao final da amostragem, deve-se homogeneizar o solo coletado, retirando-se dessa mistura 500 g de solo (amostra composta), colocando-os em saco plástico apropriado. Assim, do total de 7,5 a 10 kg de solo coletado, uma amostra de apenas 500 g será utilizada para a análise laboratorial. Caso a área a ser amostrada seja maior, por exemplo de 8 ha, ou com características distintas, pode-se estabelecer subdivisões de 2 ha para obtenção de 4 amostras compostas de 500 g cada. Havendo uma uniformidade no tipo de solo, topografia e vegetação nos 8 ha, dessa área poderá ser obtida uma única amostra composta de 2 kg de solo retirada da uniformização dos 30 a 40 kg de solo coletados.

Figura 1. Orientação para coleta de amostras simples de solo em zigue-zague no campo

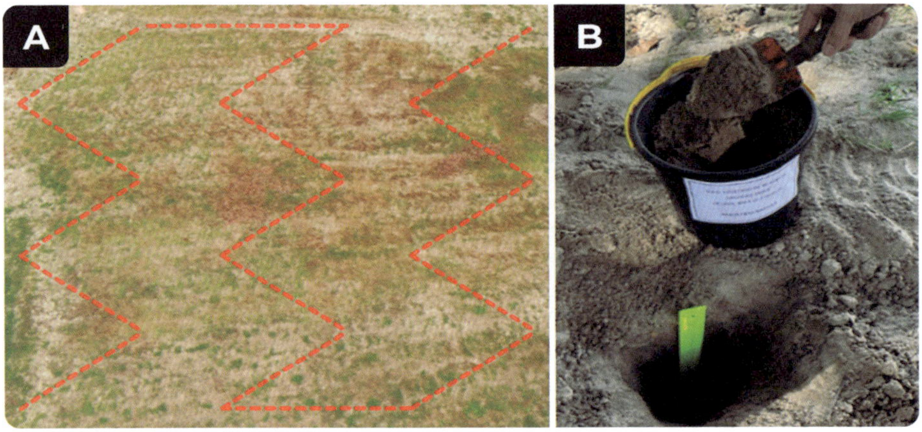

As amostras compostas devem ser fechadas com barbante para não perder a umidade e identificadas com etiquetas informando o proprietário, a área, o município, o coletor e a data. As amostras devem ser mantidas no campo em caixas de isopor em local fresco e encaminhadas para análise em laboratório especializado com a devida brevidade (até 3 dias). A ficha contendo informações da área deve ser enviada juntamente com as amostras.

Figura 2. Preparo e organização de amostras compostas de 500 g (2 ha) e 2 kg (8 ha) após homogeneização das subamostras

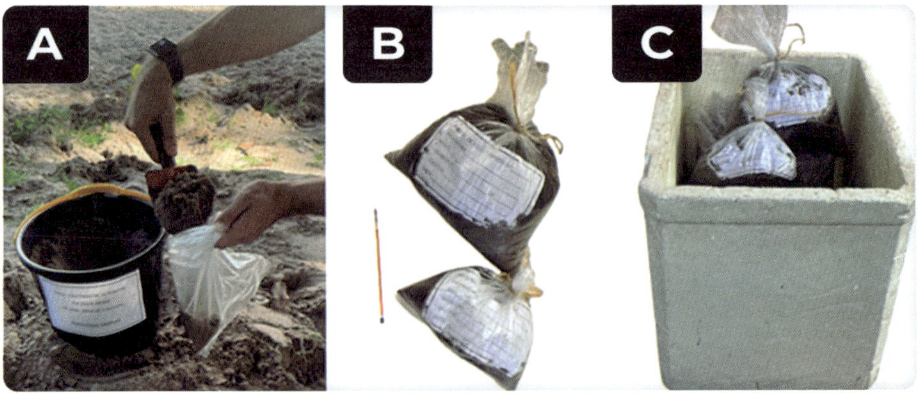

Resumo das etapas de coleta para uma área de 2 ha:

1. Andar em zigue-zague e coletar 15 a 20 amostras de solo (500g) da faixa de 5 a 30 cm;
2. Colocar as amostras simples em um mesmo balde;
3. Ao final da coleta, homogeneizar os 7,5 kg ou 10 kg de solo;
4. Retirar do balde uma amostra de 500 g (composta) e colocar em saco plástico;
5. Fechar o saco, identificar a amostra com dados da área e coletor;
6. Enviar a amostra para análise em laboratório com brevidade.

Os seguintes erros de amostragem de solo de uma área prejudicam a análise:

1. Escolha aleatória de um único ponto para coleta e deste ponto ser retirado grande volume de solo para análise. Essa amostra não representará a área, mas apenas aquele local e deve ser desconsiderada.
2. Amostra coletada de vários pontos da área, porém da superfície (0-5 cm) do solo, em que nematoides estão, na sua maioria, mortos.
3. Amostragem realizada em linha reta, desconsiderando que nematoides têm distribuição desuniforme.
4. Coleta de solo muito seco ou contendo pedras.
5. Não uniformização das amostras coletadas.
6. Mistura de amostras de áreas com características distintas.

Quando o objetivo da coleta de solo de uma determinada área pretender verificar a presença de nematoides das galhas, gênero *Meloidogyne*, o mais frequente fitonematoide no campo, ressalta-se que estarão presentes no solo apenas juvenis do segundo estádio, denominado de J2. Para esse caso, o procedimento simples a ser recomendado é distribuir as amostras compostas de solo em vasos e plantar espécies vegetais conhecidamente hospedeiras do patógeno, como, por exemplo, o tomateiro (*Solanum lycopersicum L.*). Ao final de 30 dias, a presença de tumores ou galhas e a observação conjunta de fêmeas globosas nas raízes, permitirão concluir que o nematoide está presente na área amostrada.

3. COLETA DE AMOSTRAS DE RAÍZES

Quando o levantamento de nematoides na área for realizada com a cultura já implantada no campo, anual ou perene, o procedimento da coleta deverá incluir amostras de raízes junto com solo, empregando o mesmo deslocamento da coleta de solo, ou seja, em zigue-zague, uma vez que se considera a distribuição do patógeno em reboleiras.

A amostragem de plantas de médio a grande porte, como é de espécies arbustivas e arbóreas, deve compreender seções de raízes (100 g) retirados de 3 a 4 pontos da projeção da copa numa profundidade de até 30 cm. No caso de hortaliças ou de plantas de menor porte, recomenda-se retirar em torno de 20 g de raízes. Em ambos os casos, as raízes vivas devem ser coletadas junto com uma porção de solo (500 g) da rizosfera para manutenção da sua umidade natural. As amostras devem ser colocadas em sacos plásticos e identificadas com etiquetas de papel contendo as informações do proprietário, área, município, coletor e data. Recomenda-se enviar as amostras com a maior brevidade, sempre acompanhadas da ficha de campo contendo informações

Figura 3. Orientação para coleta de amostras de raízes em zigue-zague no campo com a cultura já implantada e coleta de raízes para análise em laboratório

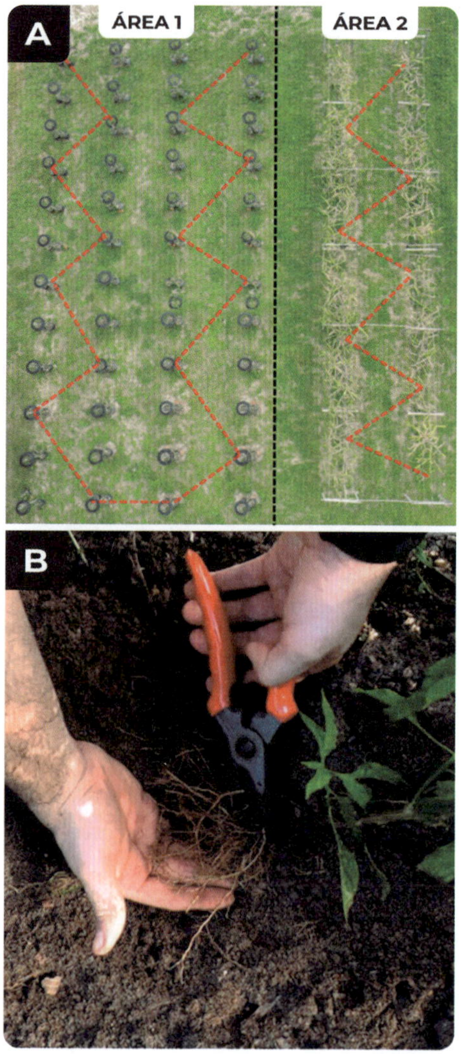

da área. Em caso de impossibilidade da remessa imediata, manter as amostras sob refrigeração (10-13 °C) até o envio.

Ressalta-se que plantas apresentando sintomas secundários de clorose, amarelecimento, murcha e subdesenvolvimento, observadas, porventura fora do percurso de zigue-zague, devem ser incluídas na amostragem, procedendo-se o registro da sintomatologia exibida pelas plantas na ficha de campo. Deve-se evitar coletar amostras de raízes de plantas com sintomatologia avançada, pois suas raízes já estarão em deterioração, tendo em vista a contaminação com outros organismos habitantes do solo.

Figura 4. Esquematização dos pontos de coleta de raízes e solo em reboleiras com plantas sintomáticas

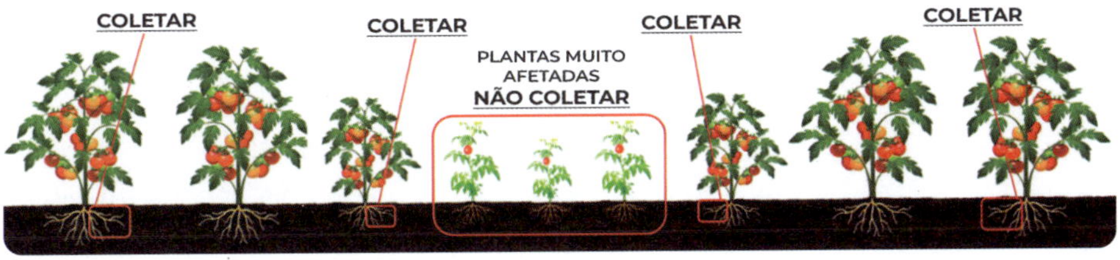

Quando a investigação de amostras envolver mudas de frutíferas, de essências florestais ou de plantas ornamentais em viveiros, recomenda-se coletar de 10-15 mudas (planta e solo) para cada 1.000 plantas do lote de forma aleatória. Caso haja mudas com sintomas, tais como clorose ou subdesenvolvimento, essas devem ser incluídas para análise de nematoides, além do número recomendado.

4. COLETA DE AMOSTRAS DA PARTE ÁREA

Quando a coleta é direcionada para investigação de nematoides que afetam diretamente a parte aérea, como as espécies de *Ditylenchus* e *Aphelenchoides*, as partes vegetais que se apresentam descoloridas, retorcidas ou necrosadas devem ser individualmente coletadas em sacos plásticos, podendo, conforme o porte, coletar a planta inteira. Para material vegetal incluindo túberas, tubérculos ou mesmo seções de caule, essas partes devem ser coletadas, postas em sacos plásticos transparentes, armazenadas em geladeiras (10-13 °C), uma vez que o calor pode prejudicar a posterior análise da amostra, providenciando o seu envio ao laboratório com a maior brevidade.

5. PROCEDIMENTOS LABORATORIAIS PARA ANÁLISE DE SOLO E DE RAÍZES

Figura 5. Procedimento de análise usando o funil de Baermann

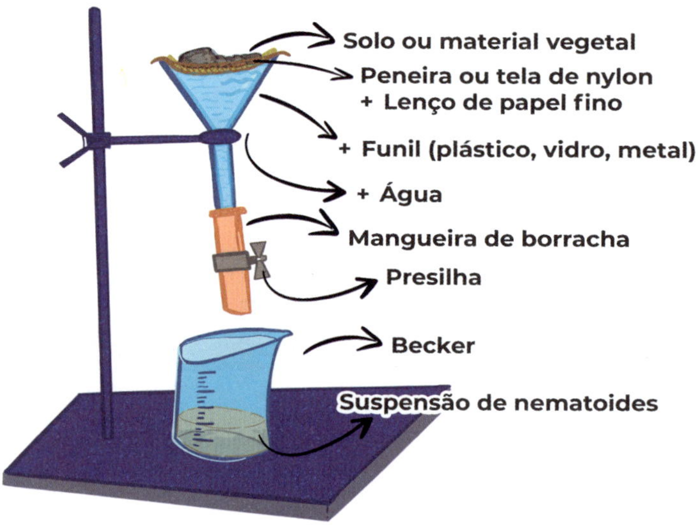

Funil de Baermann (Baermann, 1917): Para a extração de nematoides do solo ou de tecido vegetal com esse método simples, os materiais necessários são: funil (plástico, vidro, metal), uma seção de mangueira de borracha fina, uma presilha, uma peneira ou uma tela de nylon, um lenço de papel bem fino (ex. Kleenex®), becker, solo (ou material vegetal) e água.

A montagem consiste na seguinte sequência: a mangueira é presa à haste do funil e fechada com uma presilha. Põe a água no funil e por cima coloca-se uma peneira forrada com o lenço de papel fino este a amostra de solo úmida. Após 24 horas, recolhe-se a água do funil pela mangueira em becker. Quando a amostra a ser analisada for material vegetal (raízes, bulbos, estipe ou folhas), o material vegetal deverá ser lavado e cortado em pequenos pedaços e colocado sobre o papel fino.

Este método possibilita que as formas migradoras vivas presentes na amostra de solo/tecido vegetal passem pelo papel fino e migrem para a água limpa no funil (Figura 5).

Flotação centrífuga em solução de sacarose (Jenkins, 1964):
Para a extração de nematoides do solo com esse método, os materiais necessários são: balde, água, peneiras de 20 e de 400 mesh (0,84 e 0,037 mm), pisseta com água, becker, tubos de centrífuga, centrífuga, solução de sacarose 45% e placa de Petri.

O procedimento utiliza um volume aproximado de 100 cm^3 de solo que são colocados em um balde contendo água, obtendo-se uma suspensão após agitação. A suspensão é vertida sobre peneiras de 20 e de 400 mesh acopladas, recolhendo em becker o sedimento retido na peneira mais fina com jatos de água da pisseta. A suspensão é distribuída em tubos para centrifugação a 1.750 rpm/5'. Ao término, o sobrenadante é descartado e o sedimento dos tubos é ressuspenso com solução de sacarose a 45%, com nova centrifugação a 1.750 rpm/1'. O sobrenadante (sacarose) contendo os nematoides é vertido na peneira de 400 mesh, seguindo-se lavagem em água corrente para remoção da sacarose. Os nematoides são recolhidos em becker ou em placas de Petri para posterior visualização e análise populacional e das espécies presentes (Figura 6).

Figura 6. Flotação centrífuga em solução de sacarose

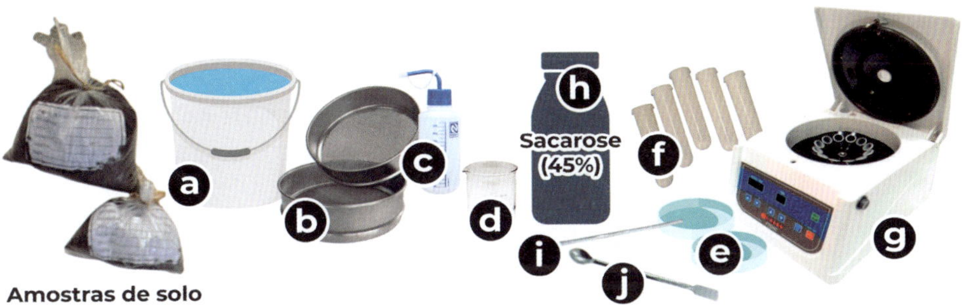

a Balde com água
b Peneiras de 20 e de 400 mesh (0,84 e 0,037 mm)
c Pisseta com água
d Becker
e Placa de Petri
f Tubos de centrífuga
g Centrífuga
h Solução de sacarose 45%
i Bastão de vidro
j Espátula

Extração de nematoides de raízes (método de Coolen e D'Herde, 1972):
Para a extração de nematoides de raízes por esse método, os materiais necessários são: liquidificador, faca ou tesoura, água, hipoclorito de sódio (NaClO) 0,5%, peneiras de 20 e de 400 mesh (0,84 e 0,037 mm), pisseta com água, becker, caulim, tubos de centrífuga, centrífuga, solução de sacarose 45% e placa de Petri.

Raízes são trituradas em liquidificador contendo água e hipoclorito de sódio (0,5%). A suspensão é vertida sobre peneiras de 20 e 400 mesh acopladas, recolhendo-se em um becker com jatos de água os fragmentos radiculares da peneira mais fina. A essa suspensão é adicionada pequena quantidade de caulim (3g/100ml de suspensão), distribuindo-se igualmente o volume em tubos para serem centrifugados a 1.750 rpm/5'. Após o descarte do sobrenadante, ressuspende-se o sedimento com solução de sacarose 45% e procede-se a uma nova centrifugação a 1.750 rpm/1'. O sobrenadante contendo os nematoides é vertido na peneira de 400 mesh, seguindo-se de lavagem em água corrente para remoção da sacarose. Os nematoides são recolhidos em placas de Petri para visualização e análise populacional e das espécies presentes (Figura 7).

6. CONSIDERAÇÕES FINAIS

A amostragem em campo deve ser criteriosa e partir de um bom plano de coleta a fim de possibilitar um correto diagnóstico dos nematoides presentes na área. Após identificação dos patógenos, buscar orientação técnica para proceder ao manejo integrado no campo.

Figura 7. Resumo gráfico dos procedimentos para coleta e análise de nematoides das galhas (*Meloidogyne* spp.) a partir de raízes coletadas em campo.

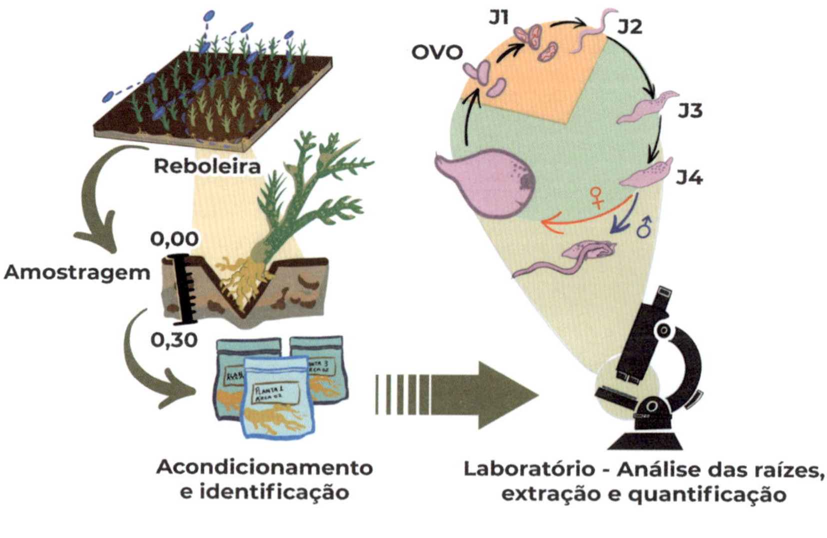

REFERÊNCIAS

BAERMANN, G. Eine einfache methode zur aiffindung von Ankylostomum (nematoden) larven in erdproben. **Ned. Indie**, v. 57, p. 131-137, 1917.

BRIDGE, J.; STARR, J. L. **Plant nematodes of agricultural importance:** a color handbook. London: CRC Press, 2007.

COOLEN, W. A.; D'HERDE, C. J. **A method for the quantitative extraction of nematodes from plant tissue**. Belgium: State Agriculture Research Centre, 1972.

DECRAEMER, W.; HUNT, D. J. **Structure and classification**. Plant nematology. Wallingford, UK: CABI, 2006. p. 3-32.

FERRAZ, L. C. C. B.; BROWN, D. J. F. **Nematologia de plantas:** fundamentos e importância. v. 1. Manaus: Norma Editora, 2016. p. 251.

FREITAS, L. G.; NEVES, W. S.; OLIVEIRA, R. D. L. Métodos em nematologia vegetal. In: ALFENAS, A. C.; MAFIA, R. G. **Métodos em fitopatologia**. Viçosa: Ed. UFV, 2016. p. 257-296.

JENKINS, W. R. B. *et al.* A rapid centrifugal-flotation technique for separating nematodes from soil. **Plant Disease Reporter**, v. 48, n. 9, 1964.

KOPPENHÖFER, A. M. Nematodes. LACEY, L. A.; KAYA, H. K. **Field manual of techniques in invertebrate pathology:** application and evaluation of pathogens for control of insects and other invertebrate pests. Dordrecht: Springer, 2000. p. 283-301.

LOPES, E. A.; FERRAZ, S. Importância dos fitonematoides na agricultura. In: OLIVEIRA, C. M. G.; SANTOS, M. A.; CASTRO, L. H. S. **Diagnose de fitonematoides**. Campinas: Millennium, 2016. p. 1-14.

OLIVEIRA, R. D. L.; WILCKEN, S. R. S. Serviços laboratoriais de diagnose de doenças causadas por fitonematoides. In: OLIVEIRA, C. M. G.; DOS SANTOS, M. A.; CASTRO, L. H. S. **Diagnose de fitonematoides**, 2016. p. 217-236.

SILVA, S. A.; MACHADO, A. C. Z. Amostragem. In: MACHADO, A. C. Z.; SILVA, S. A.; FERRAZ, L. C. C. B. **Métodos em nematologia agrícola**. Piracicaba: Sociedade Brasileira de Nematologia, 2019. p. 1-8.

TIHOHOD, D. **Nematologia agrícola aplicada**. Jaboticabal: Funep/Unesp, 1993. 372 p.

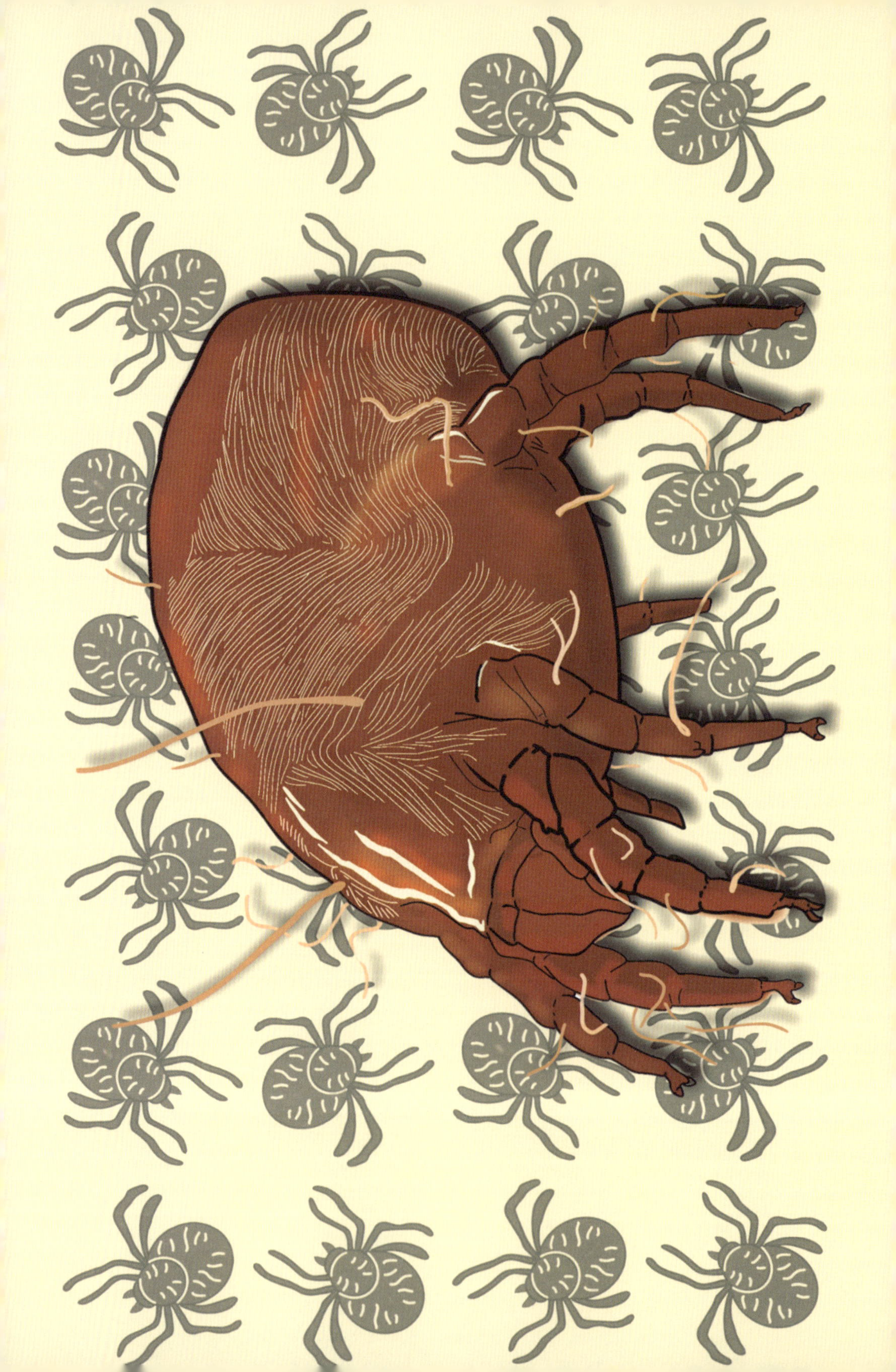

ÁCAROS EDÁFICOS

4.

Dr.ª Érica Costa Calvet

Professora Adjunta, Departamento de Fitossanidade e Coordenadora do Laboratório de Manejo de Ácaros e Insetos (LAMAI), Universidade Federal do Ceará (UFC)
Endereço: Rua Campus do Pici S/N - Bloco 847 - Campus do Pici - Fortaleza - CE - CEP 60440-554
E-mail: ericacalvet@ufc.br

1. INTRODUÇÃO

Os ácaros são pequenos artrópodes pertencentes à classe Arachinida (Ruppert; Fox e Barnes, 2005), diferenciando-se das aranhas pela ausência de segmentação corporal, pela localização da fiandeira, quando presente, nos palpos e pela presença de apenas três pares de pernas no primeiro estágio larval. O grupo é o segundo mais diverso (Moraes e Flechtmann, 2008), ficando atrás apenas dos insetos, além do número de espécies (~ 60.000 mil), os ácaros apresentam uma grande diversidade de hábitats, colonizando espaços antrópicos, plantas, animais, águas e solos. Os ácaros se diferenciam dos insetos pela presença de quatro pares de pernas e presença das quelíceras (Figura 1).

Figura 1. Morfologia básica de um ácaro

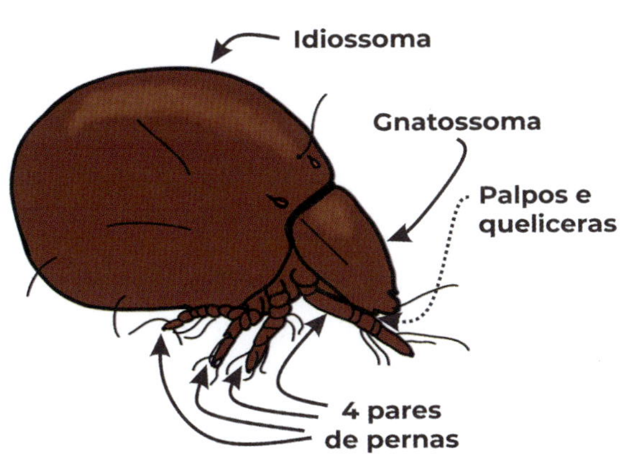

No solo, os ácaros edáficos fazem parte da mesofauna, com uma rica diversidade e abundância de espécies (Krantz e Walter, 2009). Observa-se aproximadamente de 50.000-1.000.000 de ácaros em 1 m^3 de solo (Petersen e Luxton, 1982; André; Noti e Lebrun, 1994) variando com o tipo de solo, estação climática e manejo (Schaefer, 1990; Cao *et al.*, 2011). Os ácaros edáficos estão localizados majoritariamente nas camadas superficiais, presentes na serrapilheira até 10 cm de solo (Petersen e Luxton, 1982). Os ácaros edáficos desempenham importantes funções ecológicas, na participação de processos de ciclagem de nutrientes como detritívoro na decomposição de matéria orgânica. Além de serem microbívoros, frugívoros e conhecidos predadores de pequenos artrópodes e nematoides (Coleman; Crossley e Hendrix, 2004). Comumente, os ácaros edáficos mais abundantes são da subordem Oribatida e Mesostigmata (Krantz; Walter, 2009).

2. PROCEDIMENTO DE COLETA E TIPOS DE AMOSTRAS

Procedimento de coleta:

A coleta da amostra deve ser realizada com base no que se quer avaliar seguindo os mesmos métodos de coleta para análises de solos. É sugerido que separe a amostra por camadas de solo, ou seja, camada de serrapilheira, 0-5 cm e 5-10 cm (na maioria dos casos não é necessário coleta de 5-10 cm). A coleta é feita com latas de 5 cm de altura por 9 cm de diâmetro (Figura 2).

O solo coletado pode ser armazenado em recipiente plástico ou sacos plásticos até seu processamento.

Figura 2. Camadas de coleta e lata de área conhecida para coleta

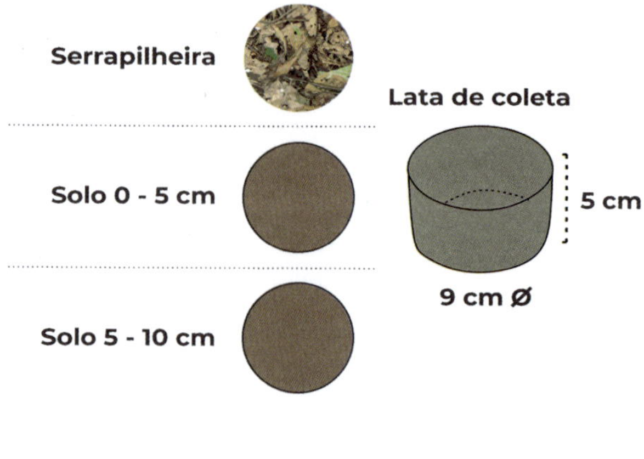

Tipos de amostras:

As amostras de solo podem variar quanto à sua composição e humidade, portanto, deve-se adequar o método de extração ao tipo de amostra. Em geral, a maioria dos solos se adequa a extração pelo funil de Berlese , que utiliza a formação de gradiente de umidade para extrair ácaros da amostra.

Para solos desérticos, arenosos, onde pela característica de natural baixa umidade do solo as espécies encontradas já são adaptadas à baixa umidade, portanto o método de indução de calor (funil de Berlese) não é adequado para este tipo de amostra (McSorley e Walter, 1991). Para estes casos é recomendado flotação (Figura 3) como método de extração de ácaros edáficos em solos desérticos arenosos.

A quantidade de amostra a ser depositada no funil, para ambos os métodos, deve ser ajustada de acordo com o tamanho do equipamento disponível. Além disso, no caso do funil de Berlese, devem ser consideradas a capacidade da lâmpada de produzir calor e a umidade do solo coletado.

Ao final da extração, costumam ficar resíduos, restos de solo e detritos na amostra. Recomenda-se filtrá-la com peneira, gaze ou pano de malha larga, conforme necessário.

Extração de ácaros edáficos - método funil de Berlese:

O método mais prático e recomendado para extração de ácaros de solo é utilizando o funil de Berlese (Figura 3). O funil é uma adaptação do funil de Tullger e Berlese, sendo o seu princípio simples: uma fonte de calor (lâmpada incandescente) promove a secagem do solo formando um gradiente de umidade, assim, durante o processo de secagem, os ácaros se deslocam para longe da fonte de calor/ressecamento em direção ao fundo, onde contém o recipiente para coleta.

Figura 3. Extração de ácaros edáficos – método funil de Berlese

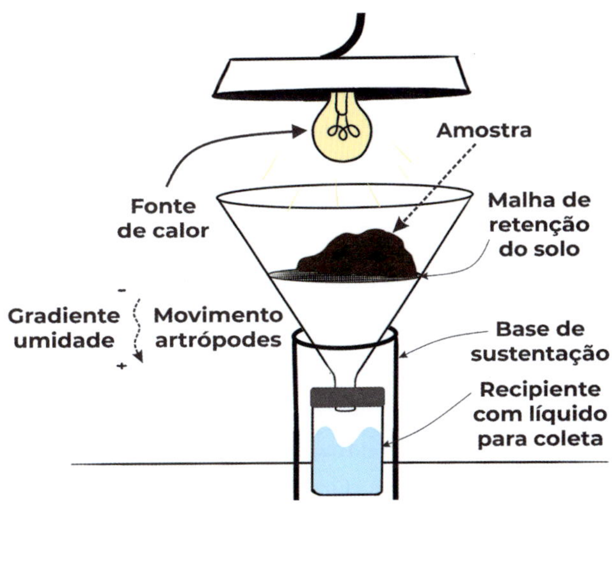

Na parte superior do funil deve-se dispor de uma lâmpada incandescente (sugestão 60 W) em altura que não toque a amostra, mas forneça o calor necessário. As paredes de um funil de Berlese devem ser íngremes afunilando até a colocação do recipiente de coleta. Dentro do funil deve conter uma malha para funcionar com filtro, a abertura (mesh) deve permitir a passagem dos artrópodes, mas capaz de reter todo o material grosseiro para não sujar a amostra. Na base do funil, após a malha, deve ser colocado o recipiente com o líquido[1] de coleta. O funil deve ser colocado na mesa de forma estável em local que possa permanecer de um ou mais dias, se necessário for. O material da parede do funil costuma ser feito em metal de baixo custo, como o latão, no entanto, o plástico também é utilizado com êxito.

Nas primeiras horas de extração, serão coletadas as espécies mais ativas e de tamanhos maiores, a maior parte dos ácaros serão extraídos quando a amostra alcança nível crítico de umidade sendo recomendado um tempo mínimo de 24h. Solos úmidos devem permanecer mais tempo sobre processo de extração uma vez que a movimentação dos artrópodes se dará com a queda da umidade da amostra. Portanto, não tenha pressa, observe a umidade de sua amostra.

[1]O líquido no recipiente de coleta deve se adequar à quantidade de dias que a amostra passará no funil, sendo a proporção entre água e álcool adequada para evitar a evaporação precoce do líquido. Sugestões de diluições entre 70-80% de álcool e adição de 1-3% de glicerina, vai ajudar muito para evitar evaporação.

Extração de ácaros edáficos – método flotação:

A flotação é utilizada para separar misturas homogêneas, o uso da flotação para extração de ácaros edáficos é possível pela diferença na gravidade específica entre os ácaros e as partículas de solo (McSorley; Walter, 1991). Este método é adequado para amostras de solo que naturalmente apresentam baixa umidade.

Para a extração via flotação, a amostra de solo deve ser misturada a uma solução de água saturada com sal (NaCl), seguida de agitação da mistura e repouso (24h) para decantar as partículas de solo, os ácaros ficarão em suspensão na solução. A suspensão então é vertida no funil de Büncher (Figura 4), ficando os ácaros retidos no papel filtro (Hart; Fain, 1987).

Figura 4. Extração por funil de Büchner

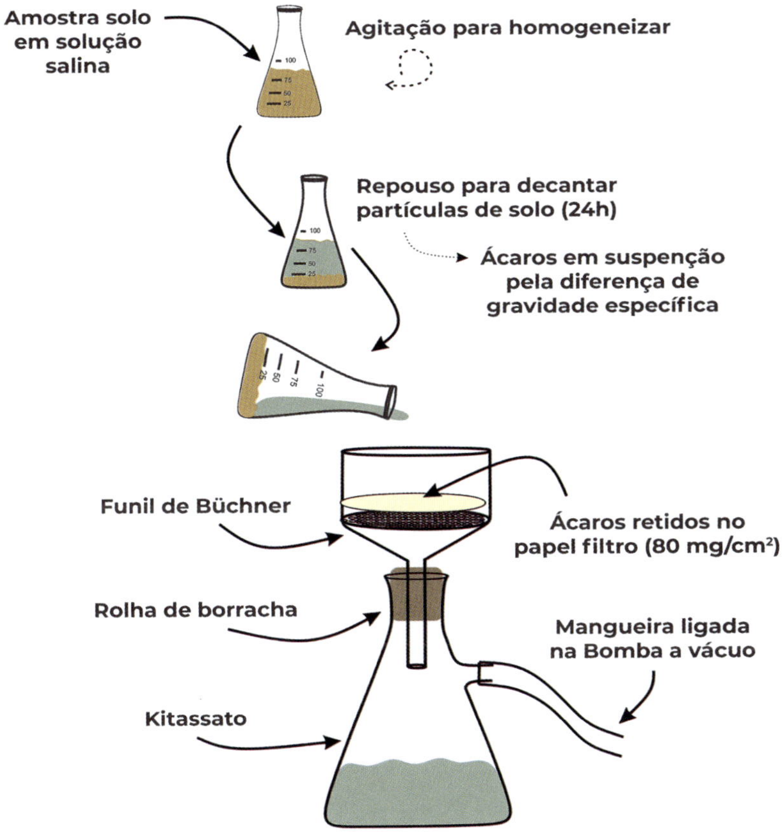

Conservação da amostra:

A solução de álcool é o meio líquido utilizado na coleta, mas não é um bom meio de conservação, quanto mais tempo os ácaros ficam em álcool, maior será a dificuldade para montar as lâminas de identificação. Assim, se a amostra irá permanecer mais tempo após a extração, recomenda-se a utilização de soluções misturas para conservação adequada dos ácaros.

Sugestões:

MASO - mistura 2:2:1 de metanol (99,5%), ácido acético glacial (99,3%) e água destilada (Saito; Osakabe, 1992).

Oudemans - mistura de glicerina (5 partes), etanol 70% (87 partes) e ácido acético glacial (8 partes).

3. CONSIDERAÇÕES FINAIS

A acarofauna edáfica é bastante diversa, mas ainda pouco se explora o potencial destes organismos. Nos últimos anos, diversos grupos de pesquisa têm voltado sua atenção a conhecer mais os ácaros edáficos, realizando levantamentos, comparações de riqueza e diversidade nas diferentes regiões do Brasil (Silva; Moraes e Krantz, 2004; Moraes *et al.*, 2011; Brandão de Azevedo *et al.*, 2020; Barros *et al.*, 2021). A partir desses levantamentos, algumas espécies de ácaros edáficos encontradas são visadas como promissoras agentes de controle biológico de pragas (Moreira; Moraes, 2015).

REFERÊNCIAS

ANDRÉ, H. M.; NOTI, M.-I.; LEBRUN, P. The soil fauna: the other last biotic frontier. **Biodiversity and Conservation**, v. 3, n. 1, p. 45-56, fev. 1994.

BARROS, Á. R. A. *et al.* Diversity of edaphic Gamasina mites (Acari: Mesostigmata) in different ecosystems of the Caatinga biome in northeast Brazil. **Systematic and Applied Acarology**, 26 jul. 2021.

BRANDÃO DE AZEVEDO, E. *et al.* Diversity of soil Gamasine mites (Acari: Mesostigmata: Gamasina) in an area of natural vegetation and cultivated areas of the Cerrado biome in Northern Brazil. **Diversity**, v. 12, n. 9, p. 331, 29 ago. 2020.

CAO, Z. *et al.* Changes in the abundance and structure of a soil mite (Acari) community under long-term organic and chemical fertilizer treatments. **Applied Soil Ecology**, v. 49, p. 131-138, set. 2011.

COLEMAN, D. C.; CROSSLEY, D. A.; HENDRIX, P. F. **Fundamentals of soil ecology**. 2. ed. Amsterdam; Boston: Elsevier Academic Press, 2004.

HART, B. J.; FAIN, A. A new technique for isolation of mites exploiting the difference in density between ethanol and saturated NaCl: qualitative and quantitative studies. **Acaroligia: Open Science in Acarology**, v. 28, n. 3, p. 251-254, 1987.

KRANTZ, G. W.; WALTER, D. E. (Eds.). **A manual of acarology**. 3. ed. Lubbock, TX: Texas Tech University Press, 2009.

McSORLEY, R.; WALTER, D. E. Comparison of soil extraction methods for nematodes and microarthropods. **Agriculture, Ecosystems & Environment**, v. 34, n. 1-4, p. 201-207, fev. 1991.

MORAES, G. J.; FLECHTMANN, C. H. W. **Manual de acarologia básica e ácaros de plantas cultivadas no Brasil**. Ribeirão Preto: Holos, 2008.

MORAES, J. *et al.* Species diversity of edaphic mites (Acari: Oribatida) and effects of topography, soil properties and litter gradients on their qualitative and quantitative composition in 64 km^2 of forest in Amazonia. **Experimental and Applied Acarology**, v. 55, n. 1, p. 39-63, set. 2011.

MOREIRA, G. F.; MORAES, G. J. The potential of free-living Laelapid mites (Mesostigmata: Laelapidae) as biological control agents. In: CARRILLO, D.; MORAES, G. J.; PEÑA, J. E. (Eds.). **Prospects for biological control of plant feeding mites and other harmful organisms**. Cham: Springer International Publishing, 2015. p. 77-102.

PETERSEN, H.; LUXTON, M. A comparative analysis of soil fauna populations and their role in decomposition processes. **Oikos**, v. 39, n. 3, p. 288, dez. 1982.

RUPPERT, E. E.; FOX, R. S.; BARNES, R. D. **Zoologia dos invertebrados:** uma abordagem funcional-evolutiva. 7. ed. São Paulo: Roca, 2005.

SAITO, Y.; OSAKABE, M. A new fixation method for preparing mite specimens for optical and SEM microscopic observations. **Applied Entomology and Zoology**, v. 27, n. 3, p. 427-436, 1992.

SCHAEFER, M. The soil fauna of a beech forest on limestone: trophic structure and energy budget. **Oecologia**, v. 82, n. 1, p. 128-136, jan. 1990.

SILVA, E. S.; MORAES, G. J.; KRANTZ, G. W. Diversity of edaphic Rhodacaroid mites (Acari: Mesostigmata: Rhodacaroidea) in natural ecosystems in the state of São Paulo, Brazil. **Neotropical Entomology**, v. 33, n. 5, p. 547-555, out. 2004.

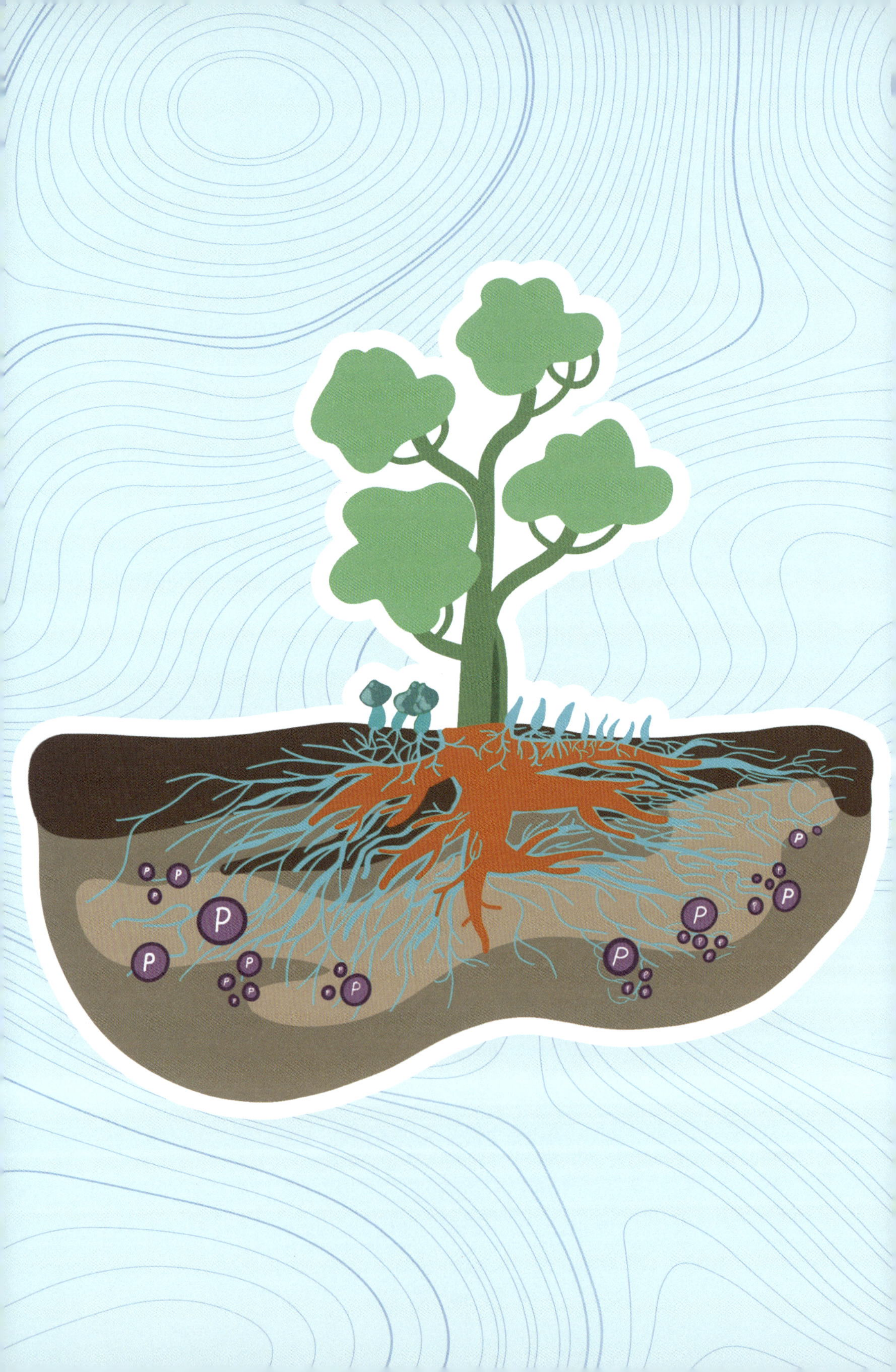
P

MICORRIZAS

5.

Kaio Gráculo Vieira Garcia

Técnico do Laboratório de Microbiologia do Solo, Departamento de Ciência do Solo (DCS), Universidade Federal do Ceará (UFC)
Endereço: Campus do Pici - Bloco 807 - Fortaleza - CE - CEP 60440-554
E-mail: kaiovieira@ufc.br

1. INTRODUÇÃO

Micorrizas são associações simbióticas entre espécies de fungos do solo e raízes de plantas, encontradas nos mais diversos ecossistemas terrestres (Chaurasia; Bharati, 2021). Esta associação é caracterizada por relações mútuas interdependentes, em que a planta hospedeira fornece compostos de carbono derivado da fotossíntese ao fungo, enquanto este, por sua vez, aumenta absorção de nutrientes para a planta por meio de uma rede micelial que se conecta as suas raízes (Clasen *et al.*, 2018).

Com base em suas características estruturais e fisiológicas, são reconhecidos dois grupos principais de micorrizas: as ectomicorrizas e as endomicorrizas (Rai *et al.*, 2019). As endomicorrizas podem ser do tipo ericoides, orquidoides e arbusculares. Destas, as micorrizas arbusculares (MA) são consideradas as mais amplamente distribuídas no ecossistema terrestre e, portanto, serão abordadas de maneira específica neste capítulo.

Os fungos micorrízicos arbusculares (FMA) constituem um grupo de micro-organismos do solo, biotróficos obrigatórios, que formam associações simbióticas com mais de 80% das espécies de plantas vasculares, incluindo plantas de interesse agrícola (Smith; Read, 2010). Essa relação é caracterizada pela colonização intracelular do córtex e formação de uma rede de hifas ramificadas, denominadas de arbúsculos e de micélio extrarradicular que se estende além da rizosfera (Huey *et al.*, 2020). Como resultado, os FMA aumentam a nutrição mineral, principalmente de elementos que têm uma baixa mobilidade no solo, como é o caso do fósforo (Tomazelli *et al.*, 2022), contribuem para melhoria da estruturação física do solo (Fall *et al.*, 2022) e conferem maior tolerância a estresses bióticos e abióticos (Diagne *et al.*, 2020), favorecendo, consequentemente, o crescimento das plantas (Figura 1).

Figura 1. Associações micorrízicas com as plantas superiores

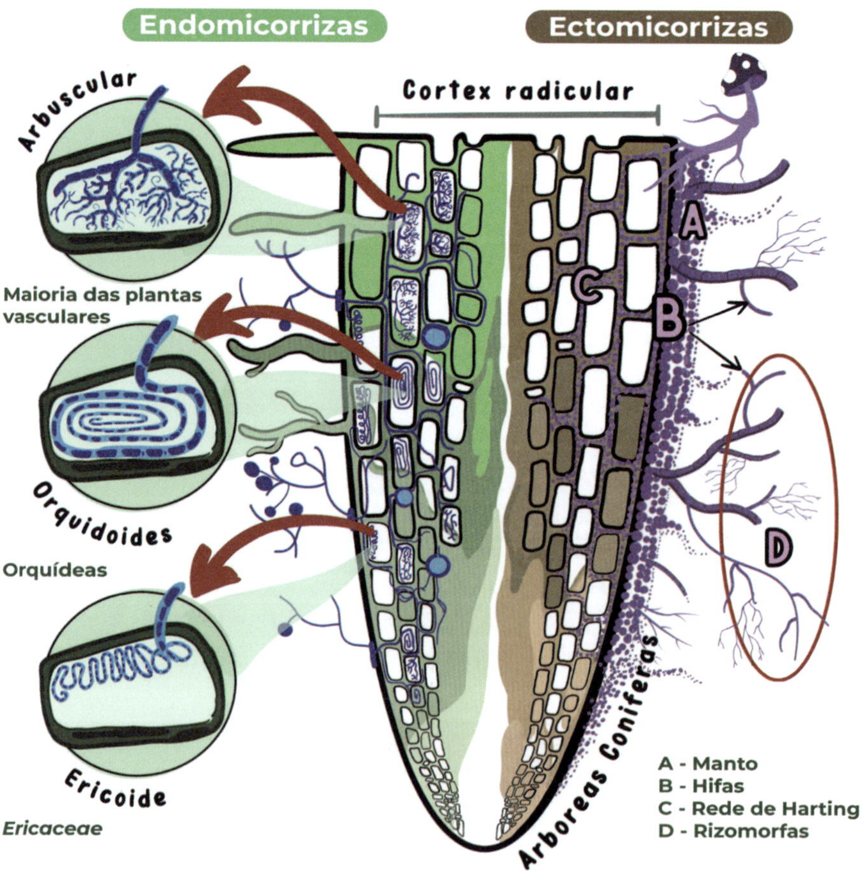

O estudo das associações micorrízicas são consideradas fundamentais para entender a dinâmica de suas relações nos diferentes ecossistemas terrestres. No entanto, se os procedimentos de coleta não forem realizados de maneira adequada, os resultados das análises micorrízicas podem não ser representativos e, consequentemente, não refletirem a realidade. Essa situação pode levar a erros de interpretação e comprometer a qualidade e confiabilidade das informações obtidas. Portanto, é fundamental que a coleta de amostras para este fim seja conduzida de maneira correta. Neste capítulo, são abordados aspectos básicos sobre os procedimentos de coleta, transporte e conservação de raízes e solo para o estudo de MA.

Materiais utilizados para coleta:
Os materiais utilizados para coleta incluem: pisseta, pá, mangueira, balde, bandeja de plástico, peneira com malha de 2 mm, peneira com malha <1 mm, pinça de dissecação, tesoura, espátula, frascos com tampas herméticas, luvas de proteção, álcool 70%, caneta permanente, sacos plásticos, etiquetas, enxadão e trado.

2. PROCEDIMENTOS E CUIDADOS NA COLETA

2.1 COLETA DE RAÍZES E SOLO EM AMBIENTES CONTROLADOS

A maioria dos experimentos que buscam investigar associações micorrízicas são conduzidos em ambientes controlados, como em casa de vegetação, devido ao maior controle das condições ambientais e diminuição da contaminação dos esporos entre amostras a partir do ar. Dessa forma, a fim de aumentar a probabilidade de êxito e minimizar possíveis erros na coleta, torna-se necessário seguir uma sequência de procedimentos e cuidados específicos.

A coleta de raízes, para quantificação da colonização micorrízica, deve ser realizada com cuidado, evitando que estas sejam danificadas. Para isso, o primeiro passo consiste em retirar as raízes do solo, desfazendo gentilmente os torrões. Nessa etapa, a utilização de uma tela ou peneira entre 1-2 mm é essencial para evitar a perda de fragmentos radiculares (Figura 2).

Figura 2. Procedimento para remoção de raízes de *Zea mays*

A – bloco de solo, B – bloco de solo sob peneira de 2 mm, C – desmanche dos torrões de solo, D – raízes prontas para serem lavadas.

Geralmente, as raízes são mais fáceis de serem removidas de solos arenosos do que em solos mais argilosos. Em solos mais argilosos, o sistema radicular intacto pode ser retirado do bloco de solo mergulhando-o em um balde com água e agitando-o suavemente para remover a maior parte do solo. Toda a água utilizada no sistema para lavar o bloco de solo pode ser passada por uma peneira de malha <1 mm para coletar possíveis fragmentos de raízes que podem ser perdidos no momento da remoção do solo.

A coleta de solo para determinação de propágulos de FMA, como, por exemplo, os esporos, deve ser realizada antes da lavagem das raízes. A amostra de cada tratamento deve ser homogeneizada antes da coleta. Todos os materiais empregados nesse processo devem ser adequadamente higienizados e desinfestados antes de iniciar a coleta entre amostras de tratamentos distintos. Em geral, uma quantidade de 100 g de solo tem sido utilizada em laboratório para determinar a abundância de esporos de FMA. Entretanto, é recomendável que seja coletada uma quantidade extra que possibilite, além dessa determinação, análises enzimáticas e químicas do solo. Após essa etapa, as amostras de solo podem ser acondicionadas em sacos plásticos, de preferência do tipo Zip Lock, e identificadas corretamente, com informações sobre o tratamento, data e local da coleta.

A lavagem das raízes pode ser realizada utilizando uma mangueira sobre uma bandeja de plástico (Figura 3A). Ao final da lavagem, toda a água acumulada na bandeja deve ser passada em uma peneira de malha <1 mm para evitar a perda de fragmentos radiculares que possam se desprender durante esse processo (Figura 3E).

Figura 3. Sequência de procedimentos realizados na lavagem de raízes de *Zea mays*

Na seleção das raízes, para a maioria dos casos, recomenda-se coletar preferencialmente as raízes mais finas (secundárias), localizadas na região do terço médio radicular (Figura 4). As raízes do ápice tendem a ser mais lignificadas, enquanto as raízes mais velhas, próximas a base, tendem a ser mais suberizadas. Dessa forma, embora essas raízes possam apresentar micorrizas, essa colonização geralmente é esparsa e consiste apenas em hifas que são geralmente mais visíveis fora das raízes, conforme relatado pelo INVAM (*The International Culture Collection of Arbuscular and Vesicular Arbuscular Mycorrhizal Fungi*). Essa condição pode resultar em uma subestimativa na quantificação da colonização micorrízica. Além disso, para garantir a integridade das raízes durante a coleta, é essencial mantê-las úmidas e evitar a sua desidratação.

Figura 4. Raízes de *Zea mays* após o procedimento de lavagem (setas vermelhas indicam as raízes mais finas)

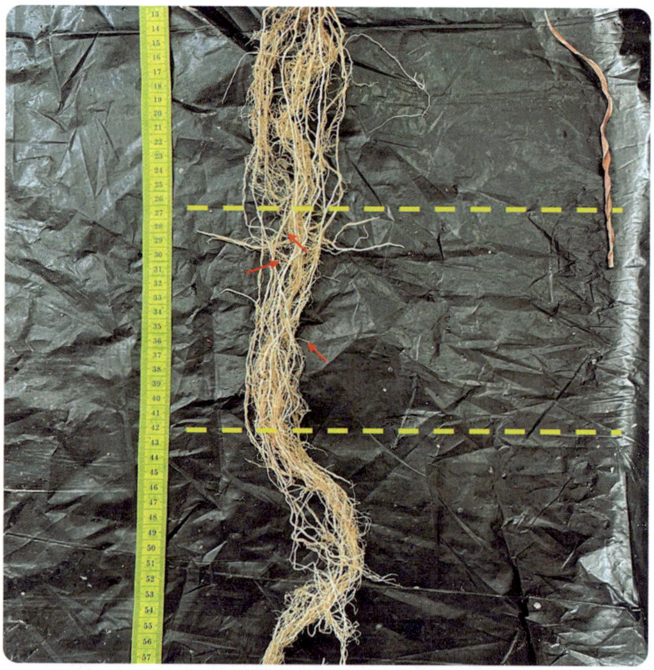

Após a fase de seleção, as raízes podem ser cortadas em fragmentos com comprimento em torno de 1-2 cm (Costa *et al.*, 2016), para compor uma subamostra representativa contendo aproximadamente 1 g de raízes para fins de análises (Abreu *et al.*, 2022). As amostras podem ser armazenadas em frascos de vidro ou plástico com tampa hermética, contendo uma solução de conservação, como álcool etílico 70% (Buzo *et al.*, 2023) (Figura 5). Ao final dessa etapa, as amostras devem ser identificadas corretamente com informações sobre a espécie vegetal ou tratamento, data e local da coleta.

Figura 5. Frascos de vidro e plástico para armazenamento de raízes

A fim de garantir a integridade e a preservação das amostras coletadas, é imprescindível que o seu transporte seja realizado de maneira cuidadosa e correta. Para este fim, pode ser utilizada uma caixa térmica ou outro tipo de embalagem, como isopor, que garanta proteção e a preservação adequada das amostras durante o transporte (Figura 6A). Caso o transporte seja demorado, utilize "pacotes de gelo em gel" para manter a temperatura adequada (Figura 6B).

Figura 6. Embalagem de isopor para o transporte de amostras

Em laboratório, as amostras de raízes podem ser armazenadas sob refrigeração a uma temperatura de aproximadamente 5 °C por dias ou até meses, se necessário

(Brundrett *et al.*, 1996). Essa mesma temperatura também pode ser empregada para o armazenamento de amostras de solo, contendo propágulos de FMA (Siqueira *et al.* 1985). Entretanto, é importante ressaltar que condições de alta umidade, superior a 10% (mesmo sob refrigeração), exposição ao congelamento e calor excessivo, podem inviabilizar os propágulos de FMA presentes na amostra de solo (Hungria; Araujo, 1994). Portanto, o controle dessas condições torna-se um fator-chave para garantir a preservação adequada das amostras.

2.2 COLETA DE RAÍZES E SOLO EM CAMPO

A coleta de raízes e solo em campo é uma etapa fundamental para entender a relação entre as plantas e os FMA em condições naturais. Por outro lado, quando se estuda essas associações em campo, seja em plantações florestais ou sob diferentes sistemas de produção agrícola, existe um grande risco de contaminação das amostras com raízes de outras espécies presentes no solo. Assim, a etapa de campo é considerada dificultosa e como mencionado na seção 2.1 deste capítulo, também requer uma série de procedimentos e cuidados específicos para minimizar esse e outros riscos nos procedimentos de amostragem.

A coleta de amostras de solo contendo propágulos de FMA, como esporos e fragmentos de hifas, pode ser realizada no campo utilizando ferramentas como enxadão, trado ou anéis cilíndricos de metal. Essas ferramentas também podem ser utilizadas na coleta de raízes. É recomendável realizar a coleta de solo na profundidade em que se observa o maior crescimento radicular, que pode variar entre as espécies de plantas e as condições ambientais do local. Para mais informações sobre a quantidade de solo a ser coletada e como acondicionar corretamente as amostras de solo, consulte a seção anterior (2.1) desse capítulo.

As raízes da planta-alvo devem ser coletadas com cuidado, para garantir que as raízes finas sejam representadas na amostra e também para excluir raízes emaranhadas de outras espécies vegetais, o que é considerado um dos principais problemas nesse tipo de coleta. Para plantas que têm um pequeno porte, é recomendável que a coleta seja realizada próxima à sua base, mas isso geralmente não é possível para plantas que têm um porte maior, como alguns tipos de arbustos e árvores.

Em algumas espécies florestais, a coleta de raízes, para fins de determinação da colonização micorrízica, tem sido realizada em profundidade de 0-20 cm e a uma distância de um 1 metro da base da árvore (Edy *et al.*, 2022). Entretanto, é importante ter em mente que plantas de diferentes espécies têm sistemas radiculares distintos e, portanto, o método de coleta pode variar dependendo do tipo de planta que se está sendo estudado. A Figura 7 representa uma sugestão de como realizar a coleta, transporte e conservação das amostras de solo e raízes em dois diferentes cenários.

Figura 7. Coleta de solo e de raízes em diferentes espécies vegetais

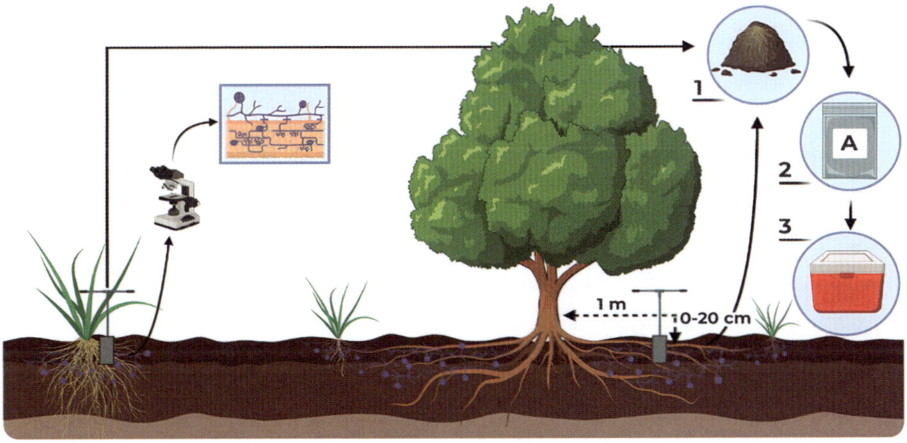

1 - amostra de solo contendo raízes, 2 - armazenamento em sacos do tipo Zip Lock e 3 - acondicionamento em caixa térmica.

A fim de determinar se existe variabilidade na colonização micorrízica de uma espécie vegetal, sempre que possível, coletas de amostras distintas da mesma espécie devem ser realizadas (Brundrett *et al.*, 1996). É importante salientar que durante a coleta de raízes de uma determinada espécie vegetal no campo, é possível encontrar raízes de outras espécies diferentes. Para evitar interferências na análise, é necessário identificar e desconsiderar tais raízes, o que pode ser feito por meio da observação de diferenças na aparência, tais como cor, tamanho, estrutura e outras características. É possível facilitar essa tarefa com a experiência adquirida ao longo do tempo na observação de raízes de diferentes espécies.

O transporte das amostras coletadas em campo pode seguir a mesma sequência do que foi descrito na seção 2.1 deste capítulo, exceto para a etapa de conservação das raízes. Para acondicionamento das amostras (solo+raízes), utilize sacos do tipo Zip Lock. No laboratório, uma parte do solo, tamisado em 2 mm deve ser armazenado para outros fins analíticos, enquanto as raízes devem ser imediatamente separadas do solo. Para isso, pode ser utilizado, por exemplo, o método de extração de raízes por flotação (Cook; Jastrow; Miller, 1988). Em síntese, o procedimento consiste em imergir a amostra de solo contendo as raízes em um recipiente com água, agitando manualmente e deixando em repouso por um período de 15 a 20 minutos para suspender as raízes e outros materiais. Em seguida, a suspensão é vertida por meio de uma peneira de malha fina, com diâmetro menor que 1 mm. Para a eliminação de sementes e outros detritos orgânicos, é recomendado o uso de uma pinça, e estes devem ser descartados. Posteriormente, as raízes devem ser lavadas em água corrente, armazenadas em frascos de plástico ou vidro hermeticamente fechados, contendo uma solução de conservação, como álcool etílico 70% (Buzo *et al.*, 2023) e devem ser armazenadas sob refrigeração a uma temperatura de aproximadamente 5 °C (Brundrett *et al.*, 1996).

3. CONSIDERAÇÕES FINAIS

A coleta de raízes e solo para fins de quantificação da colonização micorrízica e análise de propágulos de FMA, respectivamente, são de extrema importância para compreender a relação simbiótica entre plantas e os FMA em diferentes ecossistemas terrestres. Embora a amostragem para esse fim possa apresentar desafios, procedimentos adequados são fundamentais para minimizar erros e aumentar as chances de sucesso. Este capítulo oferece uma visão geral sobre os procedimentos e cuidados necessários para coleta, transporte e conservação de raízes e solo para análises micorrízicas, tornando-se uma leitura indispensável para estudantes, pesquisadores e profissionais envolvidos no estudo desses micro-organismos e suas aplicações práticas.

REFERÊNCIAS

ABREU, G. M. *et al.* Soil of the parent plant and AMF mix improve Cerrado's seedlings growth in forest nurseries. **iForest**, v. 15, p. 197-205, 2022. Disponível em: http://dx.doi.org/10.3832/ifor3833-015.

BRUNDRETT, M.; BOUGHER, N.; DELL, B.; MALAJCZUK, N. Working with mycorrhizas in agriculture and forestry. **Australian Centre for International Agricultural**, Canberra, Australia, 1996. 37 p.

BUZO, F. S. *et al.* Effect of mycorrhizae on phosphate fertilization efficiency and maize growth under field conditions. **Scientific Reports**, v. 13, n. 1, p. 1-12, 2023. Disponível em: http://dx.doi.org/10.1038/s41598-023-30128-7.

CHAURASIA, P. K.; BHARATI, S. L. Applicability of fungi in agriculture and environmental sustainability. **Microbes in land use change management**, Elsevier, p. 155-172, 2021. Disponível em: http://dx.doi.org/10.1016/b978-0-12-824448-7.00010-3.

CLASEN, B. E. *et al.* Characterization of ectomycorrhizal species through molecular biology tools and morphotyping. **Scientia Agricola**, v. 75, n. 3, p. 246-254, 2018. Disponível em: http://dx.doi.org/10.1590/1678-992x-2016-0419.

COOK, B. D.; JASTROW, J. D.; MILLER, R. M. Root and mycorrhizal endophyte development in a chronosequence of restored tallgrass prairie. **New Phytologist**, v. 110, n. 3, p. 355-362, 1988. Disponível em: https://doi.org/10.1111/j.1469-8137.1988.tb00272.x.

COSTA, H. A. O. *et al.* Species richness and root colonization of arbuscular mycorrhizal fungi in Syngonanthus elegans, an endemic and threatened species from the Cerrado domain in Brazil. **Ciência e Agrotecnologia**, v. 40, n. 3, p. 326-336, 2016. Disponível em: http://dx.doi.org/10.1590/1413-70542016403046815.

DIAGNE, N. *et al.* Roles of arbuscular mycorrhizal fungi on plant growth and performance: importance in biotic and abiotic stressed regulation. **Diversity**, v. 12, n. 10, p. 1-25, 2020. Disponível em: http://dx.doi.org/10.3390/d12100370.

EDY, N. *et al.* Host plant richness and environment in tropical forest transformation systems shape arbuscular mycorrhizal fungal richness. **Frontiers in Plant Science**, v. 13, p. 1004097, 2022. Disponível em: http://dx.doi.org/10.3389/fpls.2022.1004097.

FALL, A. F. *et al.* Roles of arbuscular mycorrhizal fungi on soil fertility: contribution in the improvement of physical, chemical, and biological properties of the soil. **Frontiers in Fungal Biology**, v. 3, p. 1-11, 2022. Disponível em: https://doi.org/10.3389/ffunb.2022.723892.

HUEY, C. J. *et al.* Mycorrhiza: a natural resource assists plant growth under varied soil conditions. **3 Biotech**, v. 10, n. 5, p. 1-9, 2020. Disponível em: https://doi.org/10.1007/s13205-020-02188-3.

HUNGRIA, M.; ARAUJO, R. S. **Manual de métodos empregados em estudos de microbiologia agrícola**. Brasília: Embrapa, 1994. 552 p.

RAI, I. N. *et al.* Indigenous endomycorrhizal fungi at salak (Salacca zalacca) plantations in Bali, Indonesia and their colonization of the roots. **Biodiversitas**, v. 20, n. 8, p. 2410-2416, 2019. Disponível em: https://doi.org/10.13057/biodiv/d200840.

SIQUEIRA, J. O. *et al.* Spores, germination, and germ tubes of vesicular-arbuscular mycorrhizal fungi. **Canadian Journal of Microbiology**, v. 31, p. 965-972, 1985. Disponível em: https://doi.org/10.1139/m85-183.

SMITH, S. E.; READ, D. J. **Mycorrhizal symbiosis**. Cambridge, MA: Academic Press, 2010.

THE INTERNATIONAL COLLECTION OF ARBUSCULAR MYCORRHIZAL FUNGI (INVAM). Arbuscular Mycorrhizal Fungi (AMF). 2024. Disponível em: https://invam.ku.edu.

TOMAZELLI, D. *et al.* Inoculation of arbuscular mycorrhizal fungi improves growth and photosynthesis of Ilex paraguariensis (St. Hil) seedlings. **Brazilian Archives of Biology and Technology**, v. 65, p. 1-11, 2022. Disponível em: https://doi.org/10.1590/1678-4324-2022210333.

N2
N2
N2
N2
N2
N2
N2
N2
NH4
NH4
NO2-
NO2-
NO3
NH3
NH3
NH3

MICRO-ORGANISMOS ENDOFÍTICOS

6.

Giselle Gomes Monteiro Fracetto, Felipe José Cury Fracetto, Nayara Rose da Conceição Lopes, Diogo Antônio Roque Gomes, Gabryella Dayane Menezes Galvão

Universidade Federal Rural de Pernambuco (UFRPE), Departamento de Agronomia
Endereço: Dom Manuel de Medeiros, s/n, Dois Irmãos - Recife - PE - CEP 52171-900
E-mail: giselle.fracetto@ufrpe.br

1. INTRODUÇÃO

Os micro-organismos ocupam diferentes nichos ecológicos e podem ser encontrados no solo, fontes hidrotermais, sedimentos de rochas, desertos e ambientes marinhos (Strobel; Daisy, 2003), exercendo funções essenciais, como a participação nos processos biogeoquímicos. Além disso, os micro-organismos são encontrados colonizando diferentes partes das plantas, como raízes, ramos, folhas, sementes, frutos, tubérculos e flores, tanto nos espaços intercelulares e vasos do xilema, como também espaços intracelulares (Ribeiro; Pamphile, 2017; Vasileva *et al.*, 2019). Esses micro-organismos, que podem ser bactérias, fungos ou archaeas são chamados de endofíticos e podem viver dessa forma em diversas plantas, sejam elas de interesse agrícola ou não, sem causar danos ao hospedeiro (Chow *et al.*, 2022; Rai *et al.*, 2021; Santoyo *et al.*, 2016).

Os primeiros relatos da presença de fungos e bactérias no interior de tecidos de plantas datam do final do século XIX (Silva *et al.*, 2006). Bary (1866) descreveu pela primeira vez as diferenças entre os endófitos e patógenos de planta (Azevedo, 1999a). A partir de 1940, trabalhos mais direcionados ao tema começaram a aparecer em número considerável, principalmente no que diz respeito a bactérias endofíticas (Silva *et al.*, 2006).

De forma geral, pode-se adotar conceitualmente que endófitos são micro-organismos que podem ser isolados de qualquer parte do material vegetal, e que não causa danos à planta. Além disso, os endófitos podem ser colonizadores tanto com comportamento neutro como simbiontes, e, ainda, aqueles que transitam entre colonizadores ora endofiticamente, ora como epífitas (Azevedo, 1999b). Na maioria das vezes, a transmissão desses micro-organismos ocorre por meio de esporos que adentram nos tecidos vegetais por aberturas naturais como estômatos, lenticelas, áreas de emergência de raízes secundárias e por ferimentos no tecido da planta. Também pode ocorrer entrada ativa de endófitos pela produção de enzimas ou estruturas que facilitam sua penetração (Ribeiro; Pamphile, 2017), e alguns podem ser transmitidos a partir das sementes e da própria rizosfera e solos adjacentes.

Após a infecção, ocorre o movimento dos micro-organismos dentro da planta, habitando de forma ativa o apoplasto, vasos condutores, podendo ainda, em alguns casos, ocorrer colonização intracelular. Dos micro-organismos encontrados em associações endofíticas com plantas, as bactérias são as mais frequentes. Destacam-se as pertencentes ao filo Proteobacteria, mais especificadamente as Pseudomonadales e Enterobacteriales e, também algumas pertencentes aos filos Actinobacteria, Firmicutes e Bacteriodetes (Vasileva *et al.*, 2019). O total de bactérias endofíticas que invadem os tecidos das plantas é provavelmente controlado pela planta e condições ambientais. A maioria dos fungos endofíticos são biotróficos mutualistas (Bacon *et al.*, 1997), e os mais comuns pertencem aos filos Ascomycota e Basidiomycota (Yu *et al.*, 2010), com destaque para os gêneros Neotyphodium, Balansia, Epichloe e Myriogenospora (Bacon; Hinton, 2002). Estes fungos são associados com centenas de espécies vegetais.

Os tecidos da planta hospedeira proporcionam um ambiente protegido das adversidades do meio, tais como raio ultravioleta, chuvas e mudanças de temperatura, e maior disponibilidade de nutrientes. Em contrapartida, esses micro-organismos endofíticos têm sido associados com a promoção do crescimento de várias culturas, por meio da fixação biológica do nitrogênio atmosférico, pela produção de fitormônios ou análogos destes, como o ácido 3-indol-acético (AIA), etileno, auxinas e citocininas, e pela disponibilidade de fósforo pela produção da enzima fosfatase (Silva *et al.*, 2006; Vasileva *et al.*, 2019). Além disso, esses micro-organismos apresentam potencial para o controle biológico por meio de mecanismos como competição por espaço e nutrientes na planta hospedeira, produção de compostos antimicrobianos e indução de resistência sistêmica (Strobel, 2002; Morales-Cedeño *et al.*, 2020).

Esses micro-organismos têm despertado grande interesse na área biotecnológica, pois, para colonizar a planta e competir com outros micro-organismos, os endofíticos produzem uma variedade de substâncias (Kharwar *et al.*, 2020), sendo uma fonte importante de compostos biologicamente ativos que têm aplicações medicinais e/ou agrícolas promissoras.

É possível isolar centenas de espécies de micro-organismos endofíticos de uma única planta e dentre estes, pelo menos um, geralmente, apresenta especificidade de hospedeiro. Entretanto, diversas espécies são capazes de colonizar várias espécies de hospedeiro pertencentes a famílias diferentes em um dado local geográfico (Zhang; Song; Tan, 2006). O tempo gasto até a planta ser submetida ao isolamento, a metodologia utilizada, o meio de cultura selecionado, o tamanho do fragmento vegetal e as condições de cultivo também irão influenciar na conclusão sobre a frequência de infecção, diversidade e composição de espécies.

Materiais para coleta:

- Sacos plásticos e caixa de isopor
- Álcool 70%
- Hipoclorito de sódio com 2% de cloro ativo (v/v)
- Água destilada autoclavada
- Fluxo laminar com luz UV funcional
- Tampão PBS
- Tubos falcons de 50 mL
- Mesa agitadora
- Erlenmeyer
- Placa de Petri
- Meio TSA com 10% de benomil
- Meio TSA 10% líquido

Passos para coleta e isolamento de micro-organismos endofíticos:

- Coletar o material vegetal de interesse (raízes, caules, folhas, sementes ou flores), acondicionar o material em sacos plásticos identificados e armazenar em isopor com gelo (8° C, aproximadamente).
- Com a chegada do material ao laboratório, lavar em água corrente e cortar o material vegetal em pequenos pedaços 5x5 mm (1 g).
- Submeter o tecido vegetal a uma desinfecção superficial para evitar comunidade epifítica: uma lavagem em álcool 70% por 1 minuto, duas lavagens em hipoclorito de sódio com 2% de cloro ativo (v/v) por 2 minutos, mais uma lavagem em álcool 70% por 2 minutos e quatro lavagens em água destilada autoclavada (usar, para cada lavagem, um béquer de vidro de 250 mL).

Em alguns casos, antes das lavagens, pode-se expor cada face do material vegetal usado por 5 minutos à radiação de luz UV e seguir o procedimento de lavagem da seguinte forma: lavar em álcool 70% por 2 minutos, lavar em hipoclorito de sódio com 2% de cloro ativo (v/v) por 5 minutos, lavar novamente em álcool 70% por 30 segundos e depois lavar em água destilada autoclavada quatro vezes (para cada lavagem, usar um béquer de vidro de 250 mL).

Processo de confirmação da desinfecção:

- Semear alíquotas de água da última lavagem (100 µL) em meio TSA 10% suplementado com benomil (50 µg/mL).
- Pode-se cortar as extremidades do material para facilitar a saída dos endófitos de dentro da planta.
- Triturar (macerar) o material vegetal desinfestado em 5 mL de tampão PBS.
- Transferir material para tubos falcons de 50 mL e incubá-los por 1 hora a 28 °C sob agitação 150 rpm em mesa agitadora.
- Se necessário, realizar diluições seriadas apropriadas em Erlenmeyer (a depender do trabalho).
- Colocar alíquota do extrato em placas de Petri com meio de cultura TSA 10% suplementado com benomil (50 µg/mL).
- Incubar as placas de Petri a 28 °C por 5 dias em incubadora tipo BOD.

- Após o crescimento do microrganismo na placa, realizar o isolamento de colônias individuais pela técnica de esgotamento por estrias para obter colônias isoladas. Ao realizar o isolamento, indicar características dos isolados como: forma, borda, pigmentação, superfície, consistência, cor, odor e taxa de crescimento. Aconselha-se purificar as bactérias em meio TSA 10% líquido, e 25% de glicerol a -20 °C em microtubos (tipo eppendorf).

Procedimento alternativo:

Dependendo do objetivo do trabalho o isolamento e identificação dos micro-organismos endofíticos também pode ser feito seguindo a metodologia abaixo:

- Colocar o próprio material vegetal esterilizado (após lavagem), com as extremidades cortadas, na placa com meio de cultura e esperar 5 dias de crescimento. As bactérias irão crescer ao redor do tecido vegetal.
- Ao optar por essa metodologia, colocar três ou quatro partes da planta na placa, para a observação das colônias.
- Fazer repetições do processo em diferentes placas, e, até mesmo, considerar a idade do vegetal e dos órgãos utilizados, a localidade (região) e, principalmente, à época da coleta. Tais fatores podem influenciar no número e tipos de micro-organismos isolados.
- É necessário que sejam feitas várias coletas e repetições para distinguir os endofíticos reais da planta dos organismos epifíticos, que, eventualmente, podem ser isolados, além de eventuais contaminações. A recorrência do aparecimento de um microrganismo é que revela seu verdadeiro caráter endofítico.

É importante ressaltar que os endofíticos são, em sua maioria, organismos que mantêm uma relação de dependência com a planta hospedeira. Assim, muitas vezes, torna-se difícil isolá-los da planta, pois alguns não crescem se não houver as condições específicas fornecidas pelos vegetais.

Armazenamento e conservação de endofíticos:

Após o isolamento dos micro-organismos endofíticos e purificação das colônias a partir de características macromorfológicas (forma, borda, pigmentação, superfície, consistência, cor, odor e taxa de crescimento) é necessário o armazenamento adequado dos isolados para um melhor aproveitamento nas análises posteriores. A partir do crescimento adequado e sem contaminação, os isolados podem ser armazenados das seguintes formas (Figura 1):

a) **Método Castellani ou de conservação em água destilada:** uma alíquota de suspensão de células do meio líquido ou alçada do meio de cultura sólido são transferidos para frascos criogênicos ou de penicilina com 3 mL contendo água destilada estéril e mantidos em condições ambientais de laboratório (25 °C) para usos de curto prazo.

b) **Criopreservação:** os isolados são transferidos para tubos criogênicos com crioprotetores, como glicerol, que evitam os danos celulares do congelamento e descongelamento decorrentes do uso, e armazenados em freezers ou tanques de nitrogênio líquido onde são mantidos em temperaturas abaixo de -70 °C para usos a longo prazo.

c) **Liofilização:** as amostras previamente congeladas em nitrogênio líquido na temperatura de -70 °C são submetidas a secagem a vácuo em máquina liofilizadora onde há a remoção total do líquido para posterior conservação em condições ambientais de laboratório (25 °C) e utilização em curto e médio prazo.

Figura 1. Métodos de conservação de micro-organismos endóficos

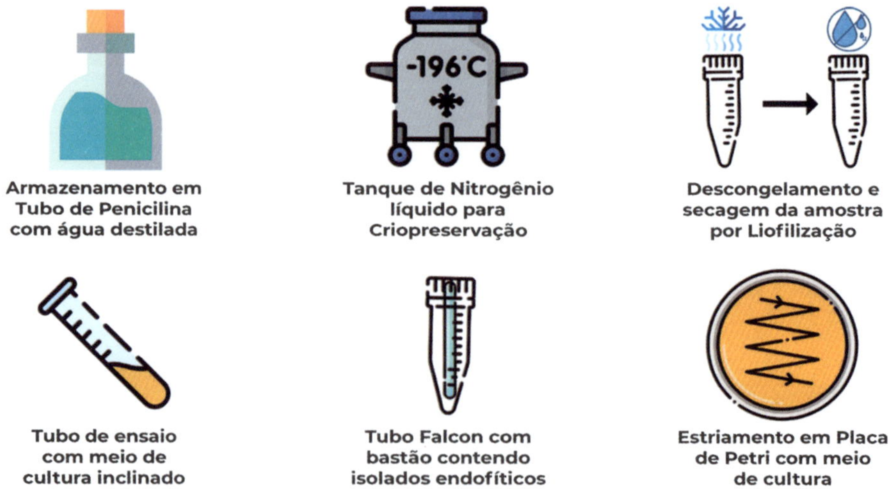

Além dos métodos citados acima, existem formas de armazenamento em tubos de ensaio com meio de cultura inclinado; inserção de palitos com os isolados dentro de tubos de ensaio ou tubos Falcon; ou estriamento em placas de Petri com meio de cultura adequado, os quais são métodos que podem ser comumente armazenados em geladeiras a 4 °C para usos mais frequentes.

Preparo de soluções:

a) **Meio TSA 10% sólido suplementado com benomil (1000 µg/mL):** pesar 1,5 g Triptona; 0,5 g Peptona; 0,5 g NaCl; 1g de benomil e 15 g Ágar. Em um béquer, misturar os reagentes, sempre mexendo com um bastão, por último colocar o ágar e completar para 1.000 mL com água destilada autoclavada.

b) **Meio TSA 10% líquido e glicerol a 25%:** pesar 1,5g Triptona; 0,5g Peptona; 0,5g NaCl e 250 mL glicerol. Em um béquer misturar os reagentes, sempre mexendo com um bastão, e completar para 1.000 mL com água destilada autoclavada.

c) **Tampão PBS (pH 7,4):** pesar 14,4 g Na2HPO4; 2,4 g KH2PO4; 2 g KCl e 80 g NaCl, e dissolver em béquer com capacidade para 1.000 mL e completar o volume com água destilada autoclavada.

2. CONSIDERAÇÕES FINAIS

Os micro-organismos endofíticos vivem no interior das plantas durante, pelo menos, parte do seu ciclo de vida. Esses micro-organismos exercem importantes funções em seus hospedeiros, favorecendo o crescimento das plantas pela produção de fitormônios e aumento da disponibilidade de nutrientes, além de induzirem a resistência, pela modulação dos níveis de etileno na planta pela produção da enzima ACC (1-aminociclopropano-1-carboxilato) deaminase. Assim, isolar, identificar esses micro-organismos e estudar especificamente suas funções em uma determinada planta é essencial para entender as interações que estão ocorrendo. Portanto, a coleta, o isolamento, o crescimento e o armazenamento adequado são elementos básicos no estudo da frequência de infecção, diversidade e composição de espécies endofíticas.

REFERÊNCIAS

AZEVEDO, J. L. Botânica: uma ciência básica ou aplicada? **Revista Brasileira de Botânica**, v. 22, p. 225-229, 1999a.

AZEVEDO, J. L. Micro-organismos endofíticos. In: MELO, I. S.; AZEVEDO, J. L. (Ed.). **Ecologia microbiana**. Jaguariúna: Embrapa-CNPMA, 1999b. p. 117-137.

BACON, C. W.; RICHARDSON, M. D.; WHITE JR., J. F. Modification and uses of endophytic-enhanced turfgrasses: a role for molecular technology. Crop Science, v. 37, p. 1415-1425, 1997.

BACON, C. W.; HINTON, D. M. Endophytic and biological control potential of Bacillus mojavensis and related species. **Biological Control**, v. 23, p. 274-284, 2002.

CHOW, C.; PADDA, K. P.; PURI, A.; CHANWAY, C. P. An archaic approach to a modern issue: endophytic archaea for sustainable agriculture. **Current Microbiology**, v. 79, n. 11, p. 322, 2022.

KHARWAR, R. N. *et al.* Harnessing the phytotherapeutic treasure troves of the ancient medicinal plant Azadirachta indica (Neem) and associated endophytic microorganisms. Planta Medica, v. 86, p. 906-940, 2020.

MORALES-CEDEÑO, L. R. *et al.* Plant growth-promoting bacterial endophytes as biocontrol agents of pre-and post-harvest diseases: fundamentals, methods of application and future perspectives. **Microbiological Research**, v. 242, p. 126612, 2020.

RAI, N. *et al.* Plant associated fungal endophytes as a source of natural bioactive compounds. **Mycology**, v. 12, n. 3, p. 139-159, 2021.

RIBEIRO, A. S.; PAMPHILE, J. A. Micro-organismos endofíticos e seu potencial biotecnológico. **Revista UNINGÁ**, v. 29, n. 3, p. 88-93, 2017.

SILVA, H. S. A. *et al.* Micro-organismos endofíticos: potencial de uso como agentes de biocontrole da ferrugem do cafeeiro. **Embrapa Meio Ambiente, Boletim de Pesquisa e Desenvolvimento**, n. 38, p. 25, Jaguariúna-SP, 2006.

SANTOYO, G. *et al.* Plant growth-promoting bacterial endophytes. **Microbiological Research**, v. 183, p. 92-99, 2016.

STROBEL, G. A. *et al.* Isopestacin, an isobenzofuranone from Pestalotiopsis microspora, possessing antifungal and antioxidant activities. **Phytochemistry**, v. 60, p. 179-183, 2002.

STROBEL, G. A.; DAISY, B. Bioprospecting for microbial endophytes and their natural products. **Microbiology and Molecular Biology Research**, v. 67, p. 491-502, 2003.

VASILEVA, E. N. *et al.* Endophytic microorganisms in fundamental research and agriculture. **Ecological Genetics**, v. 17, n. 1, p. 19-32, 2019.

YU, H. *et al.* Recent developments and future prospects of antimicrobial metabolites produced by endophytes. **Microbiological Research**, v. 165, p. 437-449, 2010.

ZHANG, H. W.; SONG, Y. C.; TAN, R. X. Biology and chemistry of endophytes. **Natural Products Report**, v. 23, p. 753-771, 2006.

CIANOBACTÉRIAS

7.

Mauricio Junior Machado, Simone Raposo Cotta, Marli de Fátima Fiore

Escola Superior de Agricultura "Luiz de Queiroz"(ESALQ/USP)
Endereço: Av. Pádua Dias, 11 - Bairro da Agronomia - Piracicaba - SP - CEP 13418-900
E-mail: mauriciomachado@usp.br, raposo.cotta@usp.br e fiore@cena.usp.br

1. INTRODUÇÃO

Cianobactérias são bactérias fotoautotróficas amplamente distribuídas nos diversos ecossistemas, dentre eles os hábitats antárticos (Pessi *et al.*, 2018), desérticos (Patzelt *et al.*, 2014), ambientes salinos (Andreote *et al.*, 2014; Alvarenga *et al.*, 2015) e fontes termais (Amarouche-Yala *et al.*, 2014). Apesar de serem prevalentes em ambientes aquáticos, podem ser encontradas nos solos e na rizosfera (frequentemente organizados sob a forma de crostas e/ou biofilmes), bem como associados às partes áreas de plantas (filosfera) (Rigonato *et al.*, 2012; Alvarenga *et al.*, 2021; Nelson; Garcia-Pichel, 2021). Sua morfologia varia desde formas unicelulares até talos formados por filamentos ramificados apresentando células diferenciadas (Prancha 1) (Komárek *et al.*, 2014).

Apresentam ampla diversidade metabólica, exercendo desde funções vitais para o funcionamento dos diferentes hábitats, como a produtividade primária (fixação do carbono inorgânico na biomassa, essencial para a cadeia trófica), a fixação de nitrogênio atmosférico e solubilização de minerais (fósforo e ferro), bem como serem aptas a produzir uma variedade de metabólitos com variadas aplicações, como pigmentos, proteínas, carboidratos e ácidos graxos (Żymańczyk-Duda, 2022). As cianobactérias têm sido consideradas como um dos mais promissores grupos de organismos capazes de produzir metabólitos com aplicações farmacêuticas, que apresentam atividades antitumorais, antibacterianas, antivirais, anti-inflamatórias, antifúngicas, metabólitos fotoprotetores, dentre outras (Dittmann *et al.*, 2015; Dextro *et al.*, 2023). Desta forma, esses organismos são frequentemente reconhecidos como "engenheiras ambientais" (Valverde *et al.* 2015).

A obtenção/amostragem de cianobactérias é crucial para a sua aplicação nas diversas áreas do conhecimento, incluindo ecologia, biotecnologia e toxicologia. No entanto, obter amostras com qualidade é desafiador, pois os riscos de contaminação cruzada (presença de outras espécies de organismos que podem interferir nos resultados) e a variação na densidade e distribuição das cianobactérias ao longo do tempo e do espaço são frequentes no estudo desses organismos. Outro fator que precisa ser considerado é a representatividade dessa amostragem em relação à sazonalidade e à variabilidade da luz solar ao longo do dia (ciclo dia: noite) (Braga; Becker, 2020; Li *et al.*, 2020; Hu *et al.*, 2021).

Neste capítulo, apresentam-se as metodologias adotadas na obtenção de amostras representativas de cianobactérias, ressaltando suas vantagens e desvantagens e destacando quais são as principais considerações a serem feitas com relação ao método de escolha de acordo com a situação de análise. O objetivo é fornecer informações úteis para pesquisadores que desejam coletar e processar amostras de cianobactérias de forma eficiente e confiável.

Materiais usados para coleta e isolamento:

- Espátula
- Rede de Plâncton
- Tubos Falcon
- Frascos de vidro
- Tubos de ensaio
- Placas de Petri
- Erlenmeyers
- Meios de Cultura
- Alça de platina

Procedimentos de coleta e armazenamento:

Por serem encontradas em ambientes que apresentam diferentes matrizes, como solos e ambientes aquáticos, é essencial compreender que as estratégias adotadas para a amostragem e o isolamento das cianobactérias diferem entre em si em sua abordagem. Para o estudo de espécies fitoplanctônicas, ou seja, espécies que habitam ambientes aquáticos, utiliza-se a rede de Plâncton para a coleta do material (Figura 1). A rede é passada na superfície d'água, retendo os organismos em seu interior, funcionando como um filtro e concentrando o material. Em condições em que se observam altas concentrações de biomassa cianobacteriana em corpos d'água (eventos conhecidos como florações), a utilização de frascos de vidro (250-500 mL) do tipo Schott® esterilizados é suficiente para a coleta do material.

Figura 1. Rede de plâncton

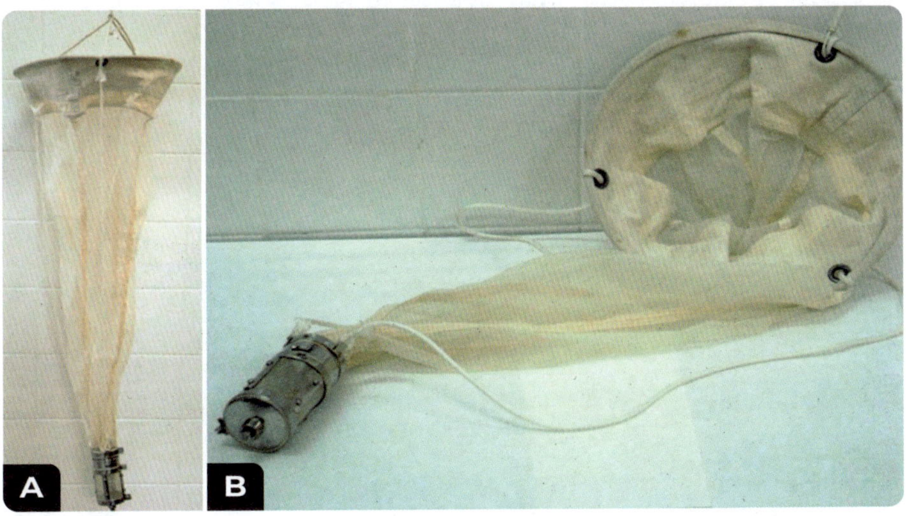

(A) Vista frontal da rede e copo coletor; (B) Vista lateral da rede e copo coletor. Fotos: Carlos Jesus Brandão /CETESB.

Já para o estudo das espécies perifíticas (organismos que se desenvolvem fixadas aos substratos, como solo, rochas, seixos, pedaços de madeira e filosfera de plantas), a coleta do material é feita por meio de coleta/raspagem do substrato.

Especificamente para solos, o montante necessário para obter-se uma amostra representativa equivale a 10 g de solo. Podem ser coletados solos em diferentes profundidades (0-5 cm; 5-10, 10-15 cm) ou em diferentes tratamentos de acordo com a necessidade ou questionamento científico a ser respondido. Além disso, é possível a realização de raspagem dos biofilmes e crostas terrestres, utilizando-se tubos Falcon para coletas com o auxílio de espátulas (Figura 2). Aos frascos podem ser adicionadas algumas gotas de água destilada esterilizada para manter a umidade no interior dos tubos, caso necessário.

Figura 2. Biofilme formado pelas cianobactérias dos gêneros Lyngbya e Synechococcus em uma parede de granito no Monrepos Park - Vyborg, Rússia

Fonte: *Yu et al. (2020)*

O acondicionamento e o transporte do material coletado encontram-se diretamente relacionado com a destinação final do material. Se o objetivo for a adoção de métodos de biologia molecular, como, por exemplo, a extração de DNA, as amostras de solo podem ser conservadas em nitrogênio líquido ou a -80°C até realização do procedimento. As amostras de água devem primeiramente serem filtradas (já durante a coleta pela rede de fitoplâncton ou em laboratório utilizando um Kitasato) para então serem conservadas em nitrogênio líquido. Há ainda a possibilidade de as amostras de água serem diretamente congeladas e liofilizadas, para então serem utilizadas para extração de DNA (Costa, 2020; Pellegrinetti *et al.*, 2022). Se o objetivo for a realização de isolamento de linhagens, as amostras devem ser mantidas sob temperatura ambiente ou refrigeradas, e preferencialmente devem ser mantidas ao abrigo da luz.

Após a obtenção das amostras, as suas aplicabilidades são diversas. As amostras obtidas podem ser utilizadas para a avaliação precoce de genótipos capazes de produzir toxinas por meio de métodos moleculares, estudos acerca de sua taxonomia e sistemática, no monitoramento e na determinação da qualidade da água e estudos ecotoxicológicos, e estudos ecológicos por meio do sequenciamento metagenômico.

2. ISOLAMENTO, CULTIVO E MANUTENÇÃO

Por muitos anos, as cianobactérias foram classificadas erroneamente como pertencentes ao grupo das algas (organismos eucarióticos), principalmente pela sua coloração esverdeada (verde-ciano, sendo conhecidas como algas verde-azuladas) e por serem organismos fotossintetizantes como as próprias algas e as plantas. Apesar da supracitada diversidade metabólica e sua capacidade de realizar outros metabolismos de forma adaptativa à condição do meio ambiente, as cianobactérias são essencialmente fototróficas autotróficas, sendo essa informação essencial para as abordagens de cultivo e manutenção. Outro ponto a ser considerado é que esses organismos apresentam uma ampla diversidade morfológica, podendo se apresentar sob a forma unicelular ou filamentosa. A morfologia desses organismos é um fator que precisa ser levado em consideração no ato da escolha do método a ser empregado para o seu isolamento.

As cianobactérias podem ser isoladas utilizando-se duas abordagens distintas: emprego da diluição seriada seguida pelo plaqueamento (procedimento semelhante ao adotado para o isolamento de outros grupos bacterianos) e a seleção por capilaridade (pescaria), sendo ambos os métodos eficientes. A escolha entre os métodos deve ser norteada pela sua morfologia e adequação ao crescimento em meio sólido. Cabe ressaltar que apesar de eficiente e bastante comum nos laboratórios analíticos, a técnica de pescaria é mais dispendiosa e requer maior experiência para a adoção do método. Para se obter melhores resultados, recomenda-se que os isolamentos sejam feitos variando-se os meios de cultura e que ambos os métodos sejam aplicados em conjunto, a menos que já se conheça os métodos de cultivo indicados para a espécie de interesse (Jacinavicius *et al.* 2013). Independentemente da abordagem escolhida, as amostras ambientais (água, solo, partes de plantas, entre outros) precisam ser diluídas e homogeneizadas. A diluição pode ser realizada utilizando, por exemplo, solução salina 0,85%, água destilada ou até mesmo no meio de cultura (todos esterilizados) (Genuario, 2010).

Após a diluição, as amostras podem ser plaqueadas em placas de Petri contendo meios de cultura específicos para o crescimento das cianobactérias ou podem então ser submetidas à técnica da pescaria. Para o plaqueamento, utilizam-se placas de Petri com meios de cultura sólidos (1,2% de ágar [p/v]), acrescidos de cicloheximida (75 mg L^{-1}) para inibição do crescimento de organismos eucarióticos (Genuario, 2010). Na câmara de fluxo laminar, a amostra é então inoculada sobre o meio sólido com o auxílio da alça de Drigalski ou alça de platina, previamente flambados. Após inoculação, as placas são vedadas e colocadas para crescer com a tampa das placas viradas para baixo, evitando-se contaminação. As placas devem ser identificadas com informações relevantes como local e data de coleta, data do plaqueamento e meio utilizado. Em média, observa-se o crescimento de diferentes aglomerados cianobacterianos em 15-20 dias. Esse tempo pode ser maior, superando os 30 dias, pois algumas espécies têm o crescimento lento (Figura 3). Após esse crescimento inicial, são feitos repiques em meio líquido e estriamentos em meio sólidos sucessivos das linhagens de cianobactérias combinados com observações em microscópio óptico até a constatação da condição monoespecífica da cultura.

Figura 3. Esquemas da técnica de estriamento em placas

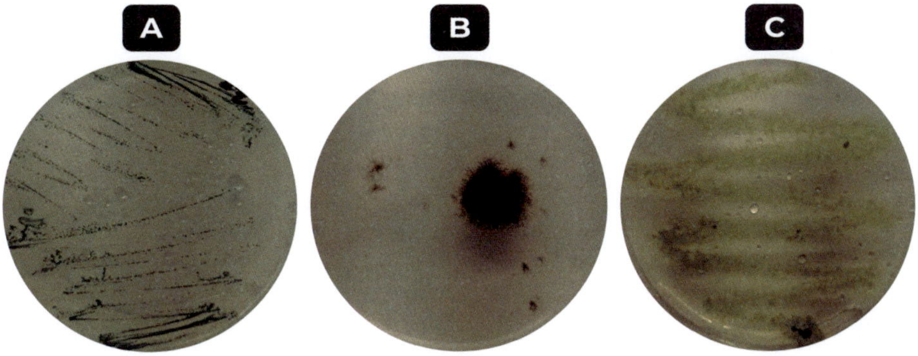

A - Nostoc sp. CENA239; B - *Brasilonema bromeliae* SPC951 e C- *Leptolyngbya* sp. BCS29. Foto: Mauricio J. Machado.

Para a metodologia da pescaria, uma lâmina de vidro é flambada sob fogo, e em sequência submetida ao esfriamento. Ao esfriar, coloca-se uma gota da amostra ambiental e várias gotas de meio de cultura esterilizado. Observa-se a lâmina ao microscópio, e ao detectar-se a cianobactéria a ser isolada e que esteja preferencialmente num campo limpo de visualização, realiza-se a coleta por capilaridade utilizando uma pipeta Pasteur. Após a 'pescaria' do organismo, passa-se o para a gota de meio estéril, sendo esse procedimento repetido até que se obtenha apenas o indivíduo de interesse (Figura 4). Em seguida é feita a transferência para o tubo de ensaio contendo meio de cultura. Pela fragilidade ou pela perda do organismo durante o processo, recomenda-se que sejam feitos vários tubos e com meios de cultura diferentes.

Um meio de cultura é um ambiente artificialmente preparado para o crescimento de micro-organismos, células ou

Figura 4. Esquema da técnica de pescaria

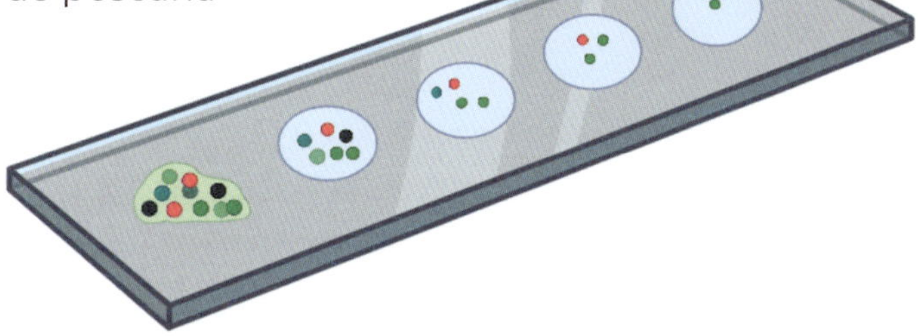

tecidos em um laboratório. O meio de cultura pode ser sólido (como ágar em placas de Petri) ou líquido (como caldo em tubos de ensaio), e contém nutrientes necessários para a sobrevivência e crescimento dos organismos cultivados, para estudar o crescimento e a fisiologia dos organismos em questão, bem como para a produção de produtos biológicos. Os meios de culturas amplamente utilizados para o isolamento e cultivo de maioria das cianobactérias são o meio BG-11 originalmente proposto por Hughes *et al.* (1958) e posteriormente modificado por Rippka *et al.* (1979), e o meio Z8 descrito por Kotai (1972). A composição química de ambos os meios de cultura pode ser observada na tabela apresentada abaixo (Tabela 1). Cabe ressaltar que são preparadas diferentes soluções estoques para o preparo de cada meio de cultura. Para o meio BG11 são preparadas 9 soluções diferentes enquanto para o meio Z8 são preparadas 4 soluções diferenciadas. Essas soluções são então adicionadas à água para o preparo do meio de cultura.

Tabela 1. Descrição da composição e concentração das soluções estoque dos meios de cultura BG11 (Rippka *et al.* ,1979) e Z8 (Kotai, 1972)

Meio BG11			
Solução	**Elemento**	**Concentração**	**Para 1 L de meio**
1	EDTA	0,1 (g L^{-1})	10 mL
2	$(NH4)_5[Fe(C6H4O_7)2]$	0,6 (g L^{-1})	10 mL
3	H_3BO_3	2,86 (g L^{-1})	1 mL
	$MnCl_2.4H_2O$	1,81 (g L^{-1})	
	$ZnSO_4.7H_2O$	0,222 (g L^{-1})	
	$NaMoO_4$	0,39 (g L^{-1})	
	$CuSO_4.5H_2O$	0,079 (g L^{-1})	
	$Co(NO_3)_2.H_2O$	0,0494 (g L^{-1})	
4	$NaNO_3$	150 (g L^{-1})	10 mL
5	$K_2HPO_4.3H_2O$	4 (g L^{-1})	10 mL
6	$MgSO_4.7H_2O$	7,5 (g L^{-1})	10 mL
7	$CaCl_2.2H_2O$	3,6 (g L^{-1})	10 mL
8	Na_2CO_3	2 (g L^{-1})	10 mL
9	$C_6H_8O_7.H_2O$	0,6 (g L^{-1})	10 mL

Meio Z8			
I	$NaNO_3$	46,7 (g L^{-1})	10 mL
	$Ca(NO_3)2.4H_2O$	5,9 (g L^{-1})	
	$MgSO_4.7H_2O$	2,5 (g L^{-1})	
II	K_2HPO_4	3,1 (g L^{-1})	10 mL
	Na_2CO_3	2,1 (g L^{-1})	
III	Sol. A: 2,8 g de $FeCl_3.6H_2O$ /100 mL de HCl 0.1M. Sol. B: 3,9 g de EDTA-Na2 / 100 mL de NaOH 0,1M. Para 1 L usa-se 10 mL de sol. A + 9,5 mL de sol. B.		10 mL
IV	$Na_2WO_4.H_2O$	0,0033 (g L^{-1})	1 mL
	$(NH_4)6Mo_7O_24.4H_2O$	0,0088 (g L^{-1})	
	KBr	0,012 (g L^{-1})	
	KI	0,0083 (g L^{-1})	
	$ZnSO_4.7H_2O$	0,0287 (g L^{-1})	
	$Cd(NO_3)2.4H_2O$	0,0155 (g L^{-1})	
	$Co(NO_3)2.6H_2O$	0,0146 (g L^{-1})	
	$CuSO_4.5H_2O$	0,0125 (g L^{-1})	
	$NiSO_4(NH_4)2SO_4.6H_2O$	0,0198 (g L^{-1})	
	$Cr(NO_3)3.9H_2O$	0,0041 (g L^{-1})	
	V_2O_5	0,00089 (g L^{-1})	
	$Kal(SO_4).12H_2O$	0,0474 (g L^{-1})	
	$H_3BO_3 + MnSO_4.H_2O$	0,31 e 0,16 (g L^{-1})	

Outro meio empregado no cultivo de cianobactérias, o ASM-1 (*Aquatic Scenedesmus Medium*) foi originalmente proposto por Gorham *et al.* (1964) para o cultivo de algas verdes *Scenedesmus*. O meio é composto por sais inorgânicos, vitaminas, e uma fonte de nitrogênio e fósforo. Mais tarde, Zagatto e Aragão (1992) modificaram o meio ASM-1 para melhorar o crescimento e a produtividade de cianobactérias, adicionando outros nutrientes e ajustando a concentração de alguns componentes (Tabela 2). Comparado ao demais meios, o ASM-1 tem uma quantidade menor de elementos traço, o que pode se tornar um problema para linhagens que têm maiores exigências nutricionais.

Tabela 2. Composição e concentração das soluções estoques do meio de cultura ASM-1

Meio ASM-1			
Solução	**Elemento**	**Concentração**	**Para 1 L de meio**
A	$NaNO_3$	8,5 (g L^{-1})	20 mL
	$MgSO_4.7H_2O$	2,45 (g L^{-1})	
	$MgCl_2.6H_2O$	2,05 (g L^{-1})	
	$CaCl_2.2H_2O$	1,45 (g L^{-1})	
B	KH_2PO_4	8,7 (g L^{-1})	2 mL
	$Na_2HOP_4.12H_2O$	17,8 (g L^{-1})	
C	H_3BO_3	28,4 (g L^{-1})	0,1 mL
	$MnCl_2.4H_2O$	13,9 (g L^{-1})	
	$FeCl_2.6H_2O$	10,8 (g L^{-1})	
	$ZnCl_2$	3,35 (g L^{-1})	
	$CoCl_2.6H_2O$	0,19 (g L^{-1})	
	$CuCl_2.2H_2O$	0,014 (g L^{-1})	
D	EDTA-Na_2	18,6 (g.L^{-1})	0,4 mL

Fonte: *Gorham et al. (1964) e Zagatto e Aragão (1992)*

As condições de cultivo podem variar significativamente entre as diferentes espécies de cianobactérias, e um ajuste cuidadoso das condições de cultivo pode ser necessário para obter um crescimento ideal para cada espécie em particular. As linhagens cianobacterianas podem ser mantidas em salas de cultivo ou em incubadoras do tipo BOD (*Biological Oxygen Demand*) (Figura 5). Em geral, as culturas de cianobactérias devem ser mantidas sob iluminação com lampas LED ou fluorescentes a uma faixa de 10-75 µmol fótons.$m^2.s^{-1}$, e com fotoperíodo controlado (12:12, 14:10, ou 16:8 h).

A temperatura de incubação pode variar entre 20 °C e 35 °C (Oliveria *et al.*, 1999; Waterbury, 2006; Temraleeva *et al.*, 2016; Zhu *et al.*, 2020). Algumas espécies de cianobactérias requerem também agitação constante do meio de cultura para garantir um fornecimento adequado de nutrientes e oxigênio, podendo ser realizada por meio de agitação mecânica ou aeração.

Figura 5. Sala de cultivo com condições controladas de luz, temperatura e umidade

Foto: Rafael B. Dextro

3. CONSIDERAÇÕES FINAIS

A coleta de amostras ambientais é fundamental para a avaliação da qualidade dos ecossistemas e para a identificação de potenciais riscos à saúde humana e ao meio ambiente. As cianobactérias são organismos extremamente importantes para os ecossistemas e para a biotecnologia, sendo essenciais para a manutenção da produtividade primária e para a fixação de nitrogênio e solubilização de minerais. Em resumo, com o uso adequado dos materiais e a adoção das metodologias corretas, é possível obter amostras de cianobactérias confiáveis e representativas, contribuindo para avaliar a qualidade da água, identificar espécies de cianobactérias, monitorar ambientes contaminados, desenvolver estudos de biodiversidade e dos ciclos biogeoquímicos, além do desenvolvimento de tecnologias e a compreensão desses organismos tão importantes para os ecossistemas.

Prancha 1. Fotomicrografias de isolados representativos de cianobactérias de manguezais brasileiros

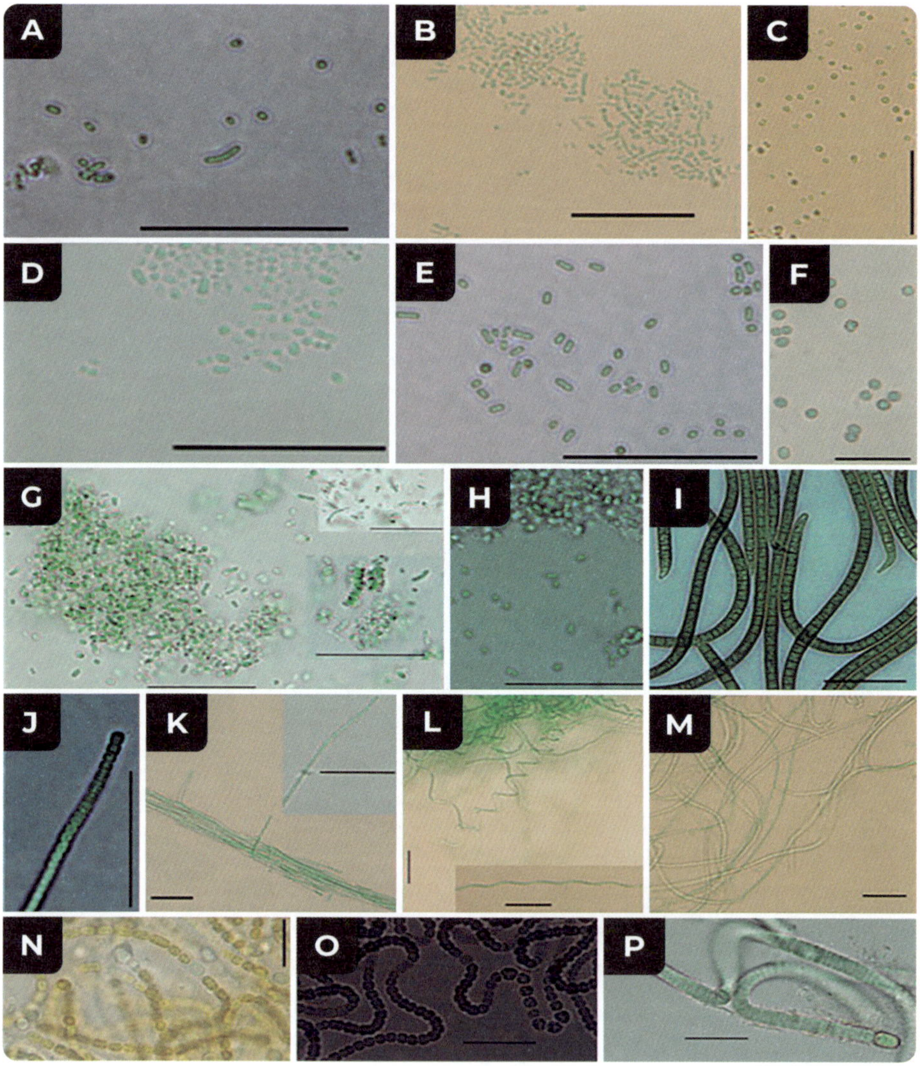

Fonte: *Silva et al. (2014)*

A – *Cyanobium* sp. CENA 136; B – *Cyanobium* sp. CENA 162; C – *Cyanobium* sp. CENA 177; D – *Synechococcus* sp. CENA 179; E – *Synechococcus* sp. CENA 140; F – *Cyanobacterium* sp. CENA 169; G – *Cyanobium* sp. CENA 145; H – *Chlorogloea* sp. CENA 152; I – *Oxynema* sp. CENA 135; J – *Nodosilinea* sp. CENA 137; K – *Leptolyngbya* sp. CENA 134; L – *Leptolyngbya* sp. CENA 155; M – *Leptolyngbya* sp. CENA 156; N – *Nostoc* sp. CENA 175; O – *Nostoc* sp. CENA 184; P – *Microchaete* sp. CENA 176. Escala = 20 µm.

REFERÊNCIAS

ALVARENGA, D. O. *et al.* Cyanobacteria in mangrove ecosystems. **Biodiversity and Conservation**, v. 24, p. 799-817, 2015.

ALVARENGA, D. O. *et al.* Amazonocrinis nigriterrae gen. nov., sp. nov., Atlanticothrix silvestris gen. nov., sp. nov. and Dendronalium phyllosphericum gen. nov., sp. nov., nostocacean cyanobacteria from Brazilian environments. **International Journal of Systematic and Evolutionary Microbiology**, v. 71, n. 5, p. 004811, 2021.

AMAROUCHE-YALA, S. *et al.* Morphological and phylogenetic diversity of thermophilic cyanobacteria in Algerian hot springs. **Extremophiles**, v. 18, p. 1035-1047, 2014.

ANDREOTE, A. P. D. *et al.* Nonheterocytous cyanobacteria from Brazilian saline-alkaline lakes. **Journal of Phycology**, v. 50, n. 4, p. 675-684, 2014.

BRAGA, G. G.; BECKER, V. Influence of water volume reduction on the phytoplankton dynamics in a semi-arid man-made lake: A comparison of two morphofunctional approaches. **Anais da Academia Brasileira de Ciências**, v. 92, 2020.

COSTA, J. S. **Comunidades microbianas e genes funcionais associados com a ciclagem de arsênio em lagoas salino-alcalinas**. 2020. Tese (Doutorado) – Universidade de São Paulo, São Paulo, 2020.

DEXTRO, R. B. *et al.* Exploring the relationship between biosynthetic gene clusters and constitutive production of mycosporine-like amino acids in Brazilian cyanobacteria. **Molecules**, v. 28, n. 3, p. 1420, 2023.

DITTMANN, E. *et al.* Natural product biosynthetic diversity and comparative genomics of the cyanobacteria. **Trends in Microbiology**, v. 23, n. 10, p. 642-652, 2015.

GENUARIO, D. B. **Cianobactérias em ecossistemas de manguezais**: isolamento, morfologia e diversidade genética. 2010. Tese (Doutorado) – Universidade de São Paulo, São Paulo, 2010.

GORHAM, P. R. J. *et al.* Isolation and culture of toxic strains of Anabaena flos-aquae (Lyngb.) de Bréb: with plate 7, 1 figure and 3 tables in the text. **Internationale Vereinigung für theoretische und angewandte Limnologie: Verhandlungen**, v. 15, n. 2, p. 796-804, 1964.

HU, L. *et al.* Environmental factors associated with cyanobacterial assemblages in a mesotrophic subtropical plateau lake: a focus on bloom toxicity. **Science of the Total Environment**, v. 777, p. 146052, 2021.

HUGHES, E. O.; GORHAM, P. R.; ZEHNDER, A. Toxicity of a unialgal culture of Microcystis aeruginosa. **Canadian Journal of Microbiology**, v. 4, n. 3, p. 225-236, 1958.

JACINAVICIUS, F. R. *et al.* **Manual para cultivo de cianobactérias**. São Paulo: Secretaria do Meio Ambiente, 2013.

KOMÁREK, J. *et al.* Taxonomic classification of cyanoprokaryotes (cyanobacterial genera) 2014, using a polyphasic approach. **Preslia**, v. 86, n. 4, p. 295-335, 2014.

KOTAI, J. Instructions for preparation of modified nutrient solution Z8 for algae. Norwegian Institute for Water Research, Oslo, v. 11, n. 69, p. 5, 1972.

LI, J. *et al.* Drivers to spatial and temporal dynamics of column integrated phytoplankton biomass in the shallow lake of Chaohu, China. **Ecological Indicators**, v. 109, p. 105812, 2020.

NELSON, C.; GARCIA-PICHEL, F. Beneficial cyanosphere heterotrophs accelerate establishment of cyanobacterial biocrust. **Applied and Environmental Microbiology**, v. 87, n. 20, p. e01236-21, 2021.

OLIVEIRA, M. A. C. L. *et al.* Growth and chemical composition of Spirulina maxima and Spirulina platensis biomass at different temperatures. **Aquaculture International**, v. 7, p. 261-275, 1999.

PATZELT, D. J. *et al.* Biodiversity of soil cyanobacteria in the hyper-arid Atacama Desert, Chile. **Journal of Phycology**, v. 50, n. 4, p. 698-710, 2014.

PELLEGRINETTI, T. A. *et al.* Bacterial communities along environmental gradients in tropical soda lakes. **Microbial Ecology**, p. 1-12, 2022.

PESSI, I. S. *et al.* Community structure and distribution of benthic cyanobacteria in Antarctic lacustrine microbial mats. **FEMS Microbiology Ecology**, v. 94, n. 5, p. fiy042, 2018.

RIGONATO, J. *et al.* Cyanobacterial diversity in the phyllosphere of a mangrove forest. **FEMS Microbiology Ecology**, v. 80, n. 2, p. 312-322, 2012.

RIPPKA, R. Isolation and purification of Cyanobacteria. In: PACHER, L.; GLAZER, A. N. (Eds.). Cyanobacteria Methods in Enzymology. **Blackwell**, v. 167, p. 3-27, 1979.

SILVA, C. S. P. *et al.* Phylogeny of culturable cyanobacteria from Brazilian mangroves. **Systematic and Applied Microbiology**, v. 37, n. 2, p. 100-112, 2014.

TEMRALEEVA, A. D. *et al.* Modern methods for isolation, purification, and cultivation of soil cyanobacteria. **Microbiology**, v. 85, p. 389-399, 2016.

VALVERDE, A. *et al.* Cyanobacteria drive community composition and functionality in rock–soil interface communities. **Molecular Ecology**, v. 24, n. 4, p. 812-821, 2015.

WATERBURY, J. B. The cyanobacteria: isolation, purification and identification. **The Prokaryotes**, v. 4, p. 1053-1073, 2006.

YU, D. *et al.* Changes of granite rapakivi under the biofouling influence. **Geochemistry**. IntechOpen, 2020.

ZAGATTO, P. A.; ARAGÃO, M. A. **Implantação de métodos para avaliação de algas tóxicas**. São Paulo: Companhia de Tecnologia de Saneamento Ambiental (CETESB) , 1992. Relatório Técnico, 23 p.

ZHU, Q. *et al.* Effects of ambient temperature on the redistribution efficiency of nutrients by desert cyanobacteria-Scytonema javanicum. **Science of the Total Environment**, v. 737, p. 139733, 2020.

ŻYMAŃCZYK-DUDA, E. *et al.* Versatile applications of cyanobacteria in biotechnology. **Microorganisms**, v. 10, n. 12, p. 2318, 2022.

“O papel do infinitamente pequeno na natureza é infinitamente grande.”

Louis Pasteur

ENZIMAS DO SOLO

8.

Erika Valente de Medeiros, Diogo Paes da Costa, Jamilly Alves de Barros, Rodrigo Gusmão de Carvalho Rocha, Armstrong Lohãns, Igor Medeiros, Jean Teixeira

Universidade Federal do Agreste de Pernambuco (UFAPE)
Endereço: Av. Bom Pastor, s/n - Boa Vista, Garanhuns - PE - CEP 55292-270
E-mail: erika.valente@ufape.edu.br

1. INTRODUÇÃO

A demanda mundial por alimentos vem crescendo a níveis alarmantes, somado à escassez de novas regiões produtivas e à necessidade de conciliar produção agrícola com preservação ambiental, têm despertado a atenção da comunidade científica e os produtores para a necessidade de associar produtividade e formas mais sustentáveis de produção. Com este objetivo, as medidas da Contribuição Nacionalmente Determinada (NDC) acordada pelo Brasil com a Convenção-Quadro das Nações Unidas sobre mudanças climáticas, incluem como estratégia o fortalecimento do Plano de Agricultura de Baixa Emissão de Carbono (Plano ABC) por meio do desenvolvimento sustentável na agricultura até 2030 (Brasil, 2015).

Cientistas do solo têm se concentrado em diversos estudos sobre a qualidade do solo (QS) e estão mostrando aos produtores a sua importância, uma vez que este conceito está relacionado à capacidade de um solo de suportar o crescimento das plantas e, consequentemente, a manutenção de animais e seres humanos (Maurya *et al.*, 2020). A QS também está relacionada à sustentabilidade do solo para as gerações futuras (Karlen *et al.*, 2019). No entanto, diversos sistemas agrícolas e de manejo do solo podem trazer impacto negativo ou positivo à QS. Por exemplo, estudos relataram efeito positivo do solo de agricultura orgânica (Reeve *et al.*, 2016) e sistema de plantio direto (Krauss *et al.*, 2020) na QS, enquanto o preparo convencional, remoção da palha (Cherubin *et al.*, 2021) e monocultivo (Zhao *et al.*, 2018) podem trazer efeitos negativos.

Assim, um dos atributos mais sensíveis para detectar esses efeitos são as atividades enzimáticas do solo (Medeiros *et al.*, 2017; Silva *et al.*, 2019). As enzimas do solo são cruciais para a decomposição da matéria orgânica, ciclagem de nutrientes e manutenção da saúde do solo (Sobucki *et al.*, 2021). A quantificação de enzimas no solo pode fornecer informações valiosas sobre a disponibilidade de nutrientes e a atividade dos micro-organismos do solo (Barros *et al.*, 2020). Esta informação é essencial para melhorar a fertilidade do solo e promover práticas agrícolas sustentáveis. O entendimento do papel das enzimas no funcionamento do solo é uma poderosa ferramenta para gerenciar melhor os recursos do solo e apoiar ecossistemas de solo saudáveis.

Neste sentido, enzimas, como ß-glucosidase, urease e fosfatase, são enzimas extracelulares que desempenham um papel crítico na ciclagem de nutrientes, particularmente para carbono, nitrogênio e fósforo (Bayranvand *et al.*, 2021). Essas enzimas são sintetizadas e secretadas por micro-organismos do solo, e suas atividades dependem das condições do solo, como pH, temperatura e teor de umidade (Medeiros *et al.*, 2023). São atributos simples, precisos, sensíveis e com ensaios rápidos, podendo ser analisadas usando pequena quantidade de solo.

Com base nestes exames, Mendes *et al.* (2019) estabeleceram o conceito FERTBIO de análise da qualidade de solos para laboratórios comerciais e indicam fortemente a avaliação de β-glicosidade e arylsulfatase por serem análises baratas e que não são influenciadas por adubos e calcário. Tal tecnologia popularizou-se entre os laboratórios brasileiros e entre os produtores sobre a importância das atividades enzimáticas do solo.

2. MATERIAL, PROCEDIMENTO DE COLETA E ARMAZENAMENTO

A coleta de amostras de solo para análise de atividade enzimática é um procedimento que requer alguns cuidados específicos para garantir a qualidade dos resultados, evitando contaminação e a perda de atividade biológica do solo. De acordo com alguns artigos científicos recentes (Kompała-Bąba *et al.*, 2021; Nannipieri; Trasar-Cepeda; Dick, 2018; Nannipieri *et al.*, 2019; Castro Lopes *et al.*, 2021), os principais passos são:

- As amostras de solo devem ser coletadas, preferencialmente, a uma profundidade de 0 a 10 cm, que é a camada diagnóstica para enzimas do solo, ou de 20 a 40 cm, dependendo do tipo de solo, da cultura e finalidade do estudo.

- Devem ser utilizados instrumentos esterilizados ou desinfestados, como uma sonda (trado) ou pá limpa e seca para evitar contaminação ou alterações na atividade enzimática do solo. Em alguns casos, pode ser necessário o uso de luvas descartáveis e máscara facial para evitar o contato direto com o solo e possíveis agentes patogênicos (ISO 18400-206:2018).

- As amostras devem ser acondicionadas em sacos plásticos ou tubos de polietileno bem fechados e conservadas em caixa de isopor com "bateria" de gelo até o envio ao laboratório para conservação em geladeira ou ultra freezer até o momento da análise.

- As amostras devem ser identificadas com informações sobre a área, a profundidade, a data e o responsável pela coleta.

- Antes das análises enzimáticas, o solo coletado deve ser seco ao ar em temperatura ambiente (25 ± 2 °C) e peneirado (malha de ϕ 2 mm) para eliminar partículas maiores, como areia grossa, fragmentos de raízes e outros artefatos, mantendo apenas a fração mais fina, onde se abriga maior parte da matéria biológica responsável pelos processos enzimáticos (Stemmer; Gerzabek, Kandeler, 1998). No entanto, deve ser considerada a característica de cada enzima avaliada, pois alguns protocolos exigem a utilização do solo sem grandes alterações (Bilen; Turan, 2022; Błońska *et al.*, 2021; Datta *et al.*, 2021; Feyissa *et al.*, 2022; Xiao *et al.*, 2018).

- Realizar a análise da atividade enzimática do solo o mais breve possível após a coleta, de preferência dentro de 24 horas.

- Utilizar métodos colorimétricos padronizados para medir as atividades enzimáticas do solo, como arilsulfatase, beta-glicosidase, fosfatase ácida e alcalina, urease, arginase e outras.

3. CONSIDERAÇÕES SOBRE REFRIGERAÇÃO E ARMAZENAMENTO DAS AMOSTRAS

A refrigeração das amostras de solo para análises enzimáticas é uma prática recomendada por grande maioria dos artigos científicos (Błońska *et al.*, 2021; Datta *et al.*, 2021), mantendo as amostras a temperaturas entorno dos 4 °C, visando preservar a atividade enzimática do solo e evitar alterações causadas por fatores como temperatura, umidade e contaminação. No entanto, a refrigeração pode afetar negativamente algumas enzimas do solo, como a fosfatase, e que o ideal seria realizar as análises enzimáticas o mais rápido possível após a coleta do solo (Bilen; Turan, 2022). Esses autores sugerem que a variabilidade nas propriedades físico-químicas e biológicas do solo interferem nos métodos analíticos de modo que as respostas enzimáticas não reflitam necessariamente os resultados verdadeiros. Portanto, a necessidade de refrigeração das amostras de solo para análises enzimáticas depende do tipo de enzima que se quer medir e do tempo entre a coleta e a análise.

Com base nessas considerações, a determinação da atividade de enzimas no solo por meio de métodos analíticos é um desafio para os pesquisadores, pois existem vários fatores que podem interferir nos resultados, tais como:

- A heterogeneidade espacial e temporal do solo, que requer um planejamento adequado da coleta e do armazenamento das amostras (Xiao *et al.*, 2018; Attademo *et al.*, 2021).

- A influência das condições ambientais, como temperatura, umidade, pH e disponibilidade de nutrientes, na expressão e na estabilidade das enzimas no solo (Feyissa *et al.*, 2022; Xiao *et al.*, 2018).

- A complexidade dos mecanismos de interação entre as enzimas e os substratos orgânicos no solo, que podem variar conforme o tipo e a origem das enzimas (intracelulares ou extracelulares), a forma e a localização dos substratos (solúveis ou insolúveis) e a presença de inibidores ou ativadores (Xiao *et al.*, 2018).

Diante desses fatores, os métodos analíticos para medir a atividade de enzimas no solo devem ser padronizados e validados para cada tipo de solo e de enzima. Além disso, os resultados devem ser interpretados com cautela e integrados com outros indicadores biológicos do solo.

4. ALGUNS PROTOCOLOS

Aqui serão apresentados os protocolos de algumas enzimas envolvidas no ciclo biogeoquímicos (Figura 1).

Figura 1. Procedimentos gerais para determinação de enzimas no solo

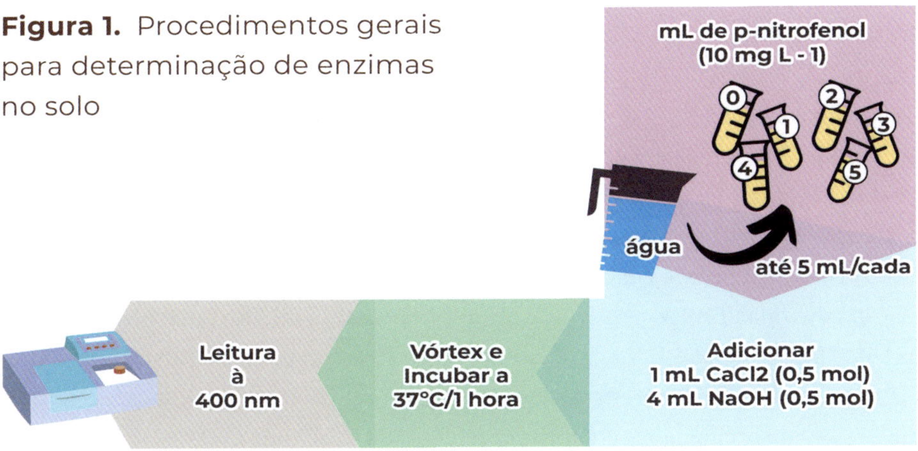

4.1 FOSFATASES (Ciclo do P)

O princípio da atividade das fosfomonoesterases (EC 3. 1 .3), estando inclusas nesse grupo as fosfatases ácida e alcalina (Eivazi; Tabatabai, 1977, versa determinar o teor de *p*-nitrofenol liberado após a incubação do solo com o substrato específico da enzima (*p*-nitrofenilfosfato).

Soluções: modified universal buffer (MUB estoque): dissolver 12,1 g de THAM (Tris), 11,6 g de ácido maleico, 14,0 g de ácido cítrico, 6,3 g de ácido bórico em 500 mL de NaOH 1 mol L^{-1} e completar para 1.000 mL com água destilada em balão volumétrico. Modified universal buffer (MUB pH 6,5 fosfatase ácida ou pH 11 fosfatase alcalina): pegar 200 ml da solução de MUB estoque e ajustar o pH desejado (pH 6,5 ou pH 11) com HCl 0,1 mol L^{-1} ou NaOH 1 mol L^{-1}, respectivamente, e completar para 500 mL em balão volumétrico com água destilada. Obs.: preparar o volume desta solução de acordo com a quantidade de amostras realizadas. Solução de *p*-nitrofenilfosfato de sódio PNP 0,05 mol/L (Sigma): dissolver 0,06 mL de *p*-nitrofenilfosfato substrato líquido em 10 mL de MUB pH desejado (pH 6,5 ou pH 11). Solução padrão de *p*-nitrofenol (Sigma): dissolver 1 g de *p*-nitrofenol em 700 mL e completar para 1.000 mL com H_2O destilada. Solução padrão diluída de *p*-nitrofenol (10 mg L^{-1}): diluir 1 mL da solução padrão de *p*-nitrofenol em 100 mL de água destilada. Solução de $CaCl_2$ 0,5 mol L^{-1}. Solução de NaOH 0,5 mol L^{-1}. Tolueno p.a. (esse reagente pode ser omitido quando o tempo de incubação for de 1 a 2 horas).

Procedimento: pesar 1 g de solo (passado em peneira de 2 mm) e colocar em tubo de ensaio (3 repetições e 2 brancos). Pipetar: 0,25 mL de tolueno; 4 mL de MUB (pH 6,5 ou pH 11); 1 mL de solução de substrato PNP 0,05 mol L^{-1} (nos brancos a solução de PNP só é adicionada após a incubação), agitar em vórtex, vedar os tubos com papel filme e incubar em banho-maria a 37 °C por 1 hora. Após incubação adicionar 1 mL de PNP (apenas nos brancos), 1 mL de $CaCl_2$ 0,5 mol L^{-1} e 4 mL de NaOH 0,5 mol L^{-1}. Agitar em vórtex e filtrar em papel de filtro com auxílio de um funil em tubos de ensaio. Proceder à leitura da atividade em espectrofotômetro em absorbância no comprimento de onda de 400 nm.

Curva de calibração: em seis tubos de ensaio pipetar alíquotas de 0, 1, 2, 3, 4 e 5 mL da solução padrão diluída de *p*-nitrofenol (10 mg L^{-1}), ajustar o volume para 5 mL com água destilada para cada ponto e proceder pipetando 1 mL de $CaCl_2$ 0,5 mol L^{-1} e 4 mL de NaOH 0,5 mol L^{-1}. Em seguida agitar em vórtex, vedar os tubos com papel filme e incubar a 37°C por 1 hora. Proceder à leitura em espectrofotômetro à 400 nm. Obs.: O sobrenadante deve ser colocado em cubeta sem misturar com o precipitado. (Fazer a curva em triplicata).

4.2 β-GLICOSIDASE (Ciclo do C)

O princípio desta enzima é parecido com o das fosfatases, alterando apenas o substrato, ou seja, quantifica o teor de *p*-nitrofenol liberado após a incubação do solo com o substrato *p*-nitrofenil-β-D-glicosídeo (PNG) (Eivazi; Tabatabai, 1988).

Soluções: modified universal buffer (MUB estoque): Ver item 4.1; Modified universal buffer (MUB pH 6,0): ver item 4.1; Solução de *p*-nitrofenil-β-D-glicosídeo (PNG) 25 mmol L^{-1} (Sigma/Merck): dissolver 0,377 g de PNG em 40 mL de MUB pH 6,0 e ajustar o volume para 50 mL com MUB pH 6,0. THAM pH 12 (Tris-hidroximetil-aminometano) 0,1 mol L^{-1}: dissolver 12,2 g de THAM em 800 mL de água, ajustar para pH 12 com NaOH 0,5 mol L^{-1} e completar o volume para 1.000 mL com água destilada. Solução padrão de *p*-nitrofenol (Sigma): Ver item 4.1; solução padrão diluída de *p*-nitrofenol (10 mg L^{-1}): ver item 4.1; Solução de CaCl2 0,5 mol L^{-1}; tolueno p.a. (pode ser omitido quando o tempo de incubação for de 1 a 2 horas).

Procedimento: pesar 1 g de solo (passado em peneira de 2 mm) e colocar em tubo de ensaio (3 repetições e 2 brancos); pipetar: 0,25 mL de tolueno; 4 mL de MUB (pH 6,0); 1 mL de solução de substrato PNG 25 mmol/L (nos brancos PNG só é adicionada após a incubação), agitar em vórtex, vedar os tubos com papel filme e incubar em banho-maria a 37 ºC por 1 hora; após incubação adicionar 1 mL de PNG (apenas nos brancos), 1 mL de $CaCl_2$ 0,5 mol L^{-1} e 4 mL de THAM pH 12. Agitar em vórtex e filtrar em papel de filtro com auxílio de um funil em tubos de ensaio. Proceder à leitura da atividade em espectrofotômetro em absorbância, no comprimento de onda de 400 nm.

Curva de calibração: mesmo procedimento para montar a curva das fosfatases (Ver item 4.1), trocando apenas o NaOH 0,5 mol L^{-1} por THAM 0,1 mol L^{-1} pH 12.

4.3 ARILSULFATASE (Ciclo do S)

Essa enzima catalisa a hidrólise da ligação éster de sulfato, que estão ligados ao radical aril. Após incubação do solo com o substrato (*p*-nitrofenil sulfato de potássio – PNS), determina-se o teor de *p*-nitrofenol liberado (Tabatabai; Bremner, 1970).

Soluções: solução tampão de acetato 0,5 mol L^{-1} pH 5,8: pesar 68 g de acetato de sódio tri-hidratado em 700 mL de água destilada e ajustar o pH com ácido acético glacial (99%), completar para 1.000 mL com água destilada; Solução de *p*-nitrofenil sulfato de potássio (PNS) 25 mmol L^{-1} (Sigma/Merck): dissolver 0,312 g de PNS em 40 mL de tampão acetato e depois completar para 50 mL com o tampão; solução padrão de *p*-nitrofenol (Sigma): ver item 4.1; solução padrão diluída de *p*-nitrofenol (10 mg L^{-1}): ver item 4.1; solução de $CaCl_2$ 0,5 mol L^{-1}; solução de NaOH 0,5 mol L^{-1}; tolueno p.a. (omitir quando o tempo de incubação for de 1 a 2 horas).

Procedimento: pesar 1 g de solo; pipetar: 0,25 mL de tolueno; 4 mL de tampão acetato (pH 5,8); 1 mL de solução de substrato PNS 25 mmol L^{-1} (nos brancos PNS só é adicionado após a incubação), agitar em vórtex, vedar os tubos com papel filme e incubar em banho-maria a 37 °C por 1 hora; após incubação, adicionar 1 mL de PNS (apenas nos brancos), 1 mL de $CaCl_2$ 0,5 mol L^{-1} e 4 mL de NaOH 0,5 mol L^{-1}. Agitar e filtrar como nas enzimas anteriores. Proceder à leitura em espectrofotômetro em absorbância, no comprimento de onda de 400 nm;

Curva de calibração: seguir o mesmo procedimento do item 4.1 para realizar a curva de calibração e cálculo da atividade.

4.4 UREASE (Ciclo do N)

Essa atividade é determinada pela quantificação colorimétrica do amônio liberado após a incubação de amostras de solo com solução de ureia por 2h a 37 °C (Kandeler; Gerber, 1988).

Soluções: solução de KCl: dissolver 74,6 g de KCl em 600 ml de água destilada e adicionar 10 ml de HCl 1 mol L^{-1} e completar o volume para 1.000 mL (Pode estocar na geladeira); solução de HCl 1mol/L: dissolver 84 ml de HCl (37%) em 1.000 mL de água destilada; solução de NaOH 0,3 mol L^{-1}: dissolver 12 g NaOH em 800 ml de água destilada e completar o volume para 1.000 mL; solução de ureia: pesar 2,4 g de ureia e dissolver em 400 ml de água destilada e completa o volume para 500 mL (preparar no dia); solução de nitroprussiato de sódio: pesar

17 g de Salicilato de sódio, 0,12 g de nitroprussiato de sódio e dissolver juntos em 100 mL de água destilada (preparar no dia); solução de dicloro: pesar 0,1 g de ácido dicloroisocianúrico sal sódico e dissolver em 90 mL de água destilada e completar o volume para 100 mL (preparar no dia); solução de trabalho: misturar em um becker 50 mL da solução de nitroprussiato de sódio, 50 mL de NaOH 0,3 mol L^{-1} e 50 mL de água destilada. (preparar no dia).

Procedimento: pesar 5 g de solo (passado em peneira de 2 mm) e colocar em Erlenmeyer de 50 mL (3 repetições e 2 brancos); pipetar 2,5 mL de ureia nas amostras e 2,5 mL de água nas amostras controle (brancos), fechar os erlenmeyers com papel filme e incuba por 2 horas a 37° C; após incubação, pipetar nos brancos: 2,5 mL de ureia e 47,5 da solução de KCl, nas amostras adiciona apenas 50 mL de KCl. Fecha os erlenmeyers com papel filme e leva para uma mesa agitadora por 30 minutos (rotação de 130 a 140 rpm); filtra essas amostras em papel de filtro com auxílio de um funil em tubos de ensaio. Desta solução, pipeta 0,5 mL em outros tubos de ensaio que já estejam com 4,5 mL de água destilada para completar 5 mL; pipetar nesses tubos 2,5 mL da solução de trabalho e 1 mL da solução de dicloro, agita em vórtex e espera 30 minutos para fazer a leitura em espectrofotômetro a 690 nm.

Curva de calibração: solução padrão de amônio: dissolver 3,82 g de cloreto de amônio em água destilada e completar o volume para 1.000 mL; em seis tubos de ensaio pipetar 0,5 mL da solução padrão de amônio nas seguintes concentrações (0; 1; 1,5; 2; 2,5 e 3 µg NH_4-N mL^{-1}). Prosseguir pipetando 4,5 mL de água, 2,5 mL da solução de trabalho e 1 mL da solução de dicloro, agita em vórtex e espera 30 minutos para fazer a leitura em espectrofotômetro a 690 nm. (Fazer a curva em triplicata).

5. CONSIDERAÇÕES FINAIS

Destarte, não há de se negar que a qualidade do solo é um fator crítico para a produção agrícola sustentável e a preservação ambiental. Neste sentido, as atividades enzimáticas do solo são indicadores sensíveis para detectar qualquer mudança na qualidade do solo. A quantificação dessas enzimas é uma ferramenta valiosa para gerenciar melhor os recursos do solo e apoiar ecossistemas que respeitem o conceito global de saúde. Assim, o FERTBIO (BioAS) é um conceito importante para análise da qualidade do solo, pois vem colocando análises biológicas em análises de rotinas, que era predominantemente de propriedades químicas do solo. Desta forma, avaliar a atividade da β-glicosidade e arilsulfatase são análises recomendadas por serem baratas e não serem influenciadas por adubos e calcário. Por fim, é extremamente essencial que os produtores e a comunidade científica continuem a trabalhar juntos para encontrar soluções sustentáveis para atender à crescente demanda por alimentos, como com a avaliação de atributos sensíveis que dará diagnósticos de como está o solo e como poderá ficar, caso o produtor não tome uma decisão acertada.

REFERÊNCIAS

ATTADEMO, A. M. *et al.* Enzyme activities as indicators of soil quality: response to intensive soybean and rice crops. **Water, Air, & Soil Pollution**, v. 232, p. 1-12, 2021. https://doi.org/10.1007/s11270-021-05211-2

BARROS, J. A. *et al.* Human disturbance affects enzyme activity, microbial biomass and organic carbon in tropical dry sub-humid pasture and forest soils. **Archives of Agronomy and Soil Science**, v. 66, n. 4, p. 458-472, 2020.

BAYRANVAND, M. *et al.* Distribution of soil extracellular enzymatic, microbial, and biological functions in the C and N-cycle pathways along a forest altitudinal gradient. **Frontiers in Microbiology**, v. 12, p. 660603, 2021. Doi: 10.3389/fmicb.2021.660603

BILEN, S.; TURAN, V. Enzymatic analyses in soils. **Practical handbook on agricultural microbiology**, p. 377-385, 2022. https://doi.org/10.1007/978-1-0716-1724-3_50

BŁOŃSKA, E. *et al.* Enzymatic activity of soils and soil organic matter stabilization as an effect of components released from the decomposition of litter. **Applied Soil Ecology**, v. 157, p. 103723, 2021. https://doi.org/10.1016/j.apsoil.2020.103723

BRASIL. Secretaria de Desenvolvimento Agropecuário e Cooperativismo. **Plano Agricultura de Baixa Emissão de Carbono – Plano ABC**. 2015. Disponível em: https://www.gov.br/agricultura/pt-br/assuntos/camaras-setoriais-tematicas/

documentos/camaras-tematicas/agricultura-sustentavel-e-irrigacao/ano/informacoes-gerais-sobre-o-programa-abc-20.pdf.

CASTRO LOPES, A. A. *et al.* Enzyme activities in a sandy soil of western Bahia under cotton production systems: short-term effects, temporal variability, and the FERTBIO sample concept. **Brazilian Journal of Microbiology**, v. 52, p. 2193-2204, 2021. https://doi.org/10.1007/s42770-021-00606-z

CHERUBIN, M. R. *et al.* Soil health response to sugarcane straw removal in Brazil. **Industrial Crops and Products**, v. 163, p. 113315, 2021.

DATTA, A. *et al.* Application of enzymes as a diagnostic tool for soils affected by municipal solid wastes. **Journal of Environmental Management**, v. 286, p. 112169, 2021. https://doi.org/10.1016/j.jenvman.2021.112169

EIVAZI, F.; TABATABAI, M. A. Phosphatases in soils. **Soil Biology and Biochemistry**, v. 9, n. 3, p. 167-172, 1977.

EIVAZI, F.; TABATABAI, M. A. Glucosidases and galactosidases in soils. **Soil Biology and Biochemistry**, v. 20, n. 5, p. 601-606, 1988.

FEYISSA, A. *et al.* Soil enzyme activity and stoichiometry in secondary grasslands along a climatic gradient of subtropical China. **Science of The Total Environment**, v. 825, p. 154019, 2022. https://doi.org/10.1016/j.scitotenv.2022.154019

KANDELER, E.; GERBER, H. Short-term assay of soil urease activity using colorimetric determination of ammonium. **Biology and Fertility of Soils**, v. 6, p. 68-72, 1988.

KARLEN, D. L. *et al.* Soil health assessment: past accomplishments, current activities, and future opportunities. **Soil and Tillage Research**, v. 195, p. 104365, 2019.

KOMPAŁA-BĄBA, A. *et al.* The role of plants and soil properties in the enzyme activities of substrates on hard coal mine spoil heaps. **Scientific Reports**, v. 11, n. 1, p. 5155, 2021. https://doi.org/10.1038/s41598-021-84673-0

KRAUSS, M. *et al.* Enhanced soil quality with reduced tillage and solid manures in organic farming–a synthesis of 15 years. **Scientific Reports**, v. 10, n. 1, p. 1-12, 2020.

MAURYA, S. *et al.* Indicators for assessment of soil quality: a mini-review. **Environmental Monitoring and Assessment**, v. 192, p. 1-22, 2020.

MEDEIROS, E. V. *et al.* Soil organic carbon, microbial biomass and enzyme activities responses to natural regeneration in a tropical dry region in Northeast Brazil. **Catena**, v. 151, p. 137-146, 2017.

MEDEIROS, E. V. *et al.* Microbial enzymatic stoichiometry and the acquisition of C, N, and P in soils under different land-use types in Brazilian semiarid. **Soil Ecology Letters**, v. 5, n. 3, p. 1-8, 2023.

MENDES, I. *et al.* Critical limits for microbial indicators in tropical Oxisols at post-harvest: the FERTBIO soil sample concept. **Applied Soil Ecology**, v. 139, p. 85-93, 2019.

NANNIPIERI, P. *et al.* Recommendations for soil microbiome analyses. **Biology and Fertility of Soils**, v. 55, p. 765-766, 2019. https://doi.org/10.1007/s00374-019-01409-z

NANNIPIERI, P.; TRASAR-CEPEDA, C.; DICK, R. P. Soil enzyme activity: a brief history and biochemistry as a basis for appropriate interpretations and meta-analysis. **Biology and Fertility of Soils**, v. 54, p. 11-19, 2018. https://doi.org/10.1007/s00374-017-1245-6

REEVE, J. R. *et al.* Organic farming, soil health, and food quality: considering possible links. **Advances in Agronomy**, v. 137, p. 319-367, 2016.

SOBUCKI, L. *et al.* Contribution of enzymes to soil quality and the evolution of research in Brazil. **Revista Brasileira de Ciência do Solo**, v. 45, 2021.

STEMMER, M.; GERZABEK, M. H.; KANDELER, E. Organic matter and enzyme activity in particle-size fractions of soils obtained after low-energy sonication. **Soil Biology and Biochemistry**, v. 30, n. 1, p. 9-17, 1998. https://doi.org/10.1016/S0038-0717(97)00093-X

SILVA, É. *et al.* Seasonal effect of land use type on soil absolute and specific enzyme activities in a Brazilian semi-arid region. **Catena**, v. 172, p. 397-407, 2019.

TABATABAI, M. A.; BREMNER, J. M. Arylsulfatase activity of soils. **Soil Science Society of America Journal**, v. 34, n. 2, p. 225-229, 1970.

XIAO, W. *et al.* A meta-analysis of soil extracellular enzyme activities in response to global change. **Soil Biology and Biochemistry**, v. 123, p. 21-32, 2018. https://doi.org/10.1016/j.soilbio.2018.05.001

ZHAO, Q. *et al.* Long-term coffee monoculture alters soil chemical properties and microbial communities. **Scientific Reports**, v. 8, n. 1, p. 1-11, 2018.

5 μm
100 μm

CARBONO DA BIOMASSA MICROBIANA E RESPIRAÇÃO BASAL DO SOLO

9.

Murilo de Sousa Almeida[1], Francisco Luan Almeida Barbosa[1], Francisco Matheus Medeiros de Freitas[1,2], Kaio Gráculo Vieira Garcia[1], Arthur Prudêncio de Araujo Pereira[1], Ademir Sérgio Ferreira de Araujo[3]

[1]**Programa de Pós-Graduação em Ciências do Solo, Universidade Federal do Ceará**
Endereço: Av. Mister Hull, 2977, Campus do Pici, Bloco 807, Fortaleza - CE - CEP 60440-554
E-mails: sousamuriloalmeida@gmail.com, luan02101994@gmail.com, kaiovieira@ufc.br e arthur.prudencio@ufc.br

[2]**Instituto de Agronomia, Departamento de Solos, Programa de Pós-Graduação em Agronomia - Ciência do Solo, Universidade Federal Rural do Rio de Janeiro**
Endereço: BR 465, Km 07, S/n, Zona Rural, Seropédica - RJ - CEP 23890-000
E-mail: matheusmedeiros@ufrrj.br

[3]**Centro de Ciências Agrárias, Universidade Federal do Piauí Teresina, Pi Brasil**
Endereço: Campus Universitário Amilcar Ferreira Sobral, BR 343, km 3,5, Bairro Meladão, Floriano - PI - CEP 64800-000
E-mail: asfaruaj@yahoo.com.br

1. INTRODUÇÃO

A biomassa microbiana do solo (BMS) corresponde à fração viva da matéria orgânica do solo e é considerada um reservatório altamente lábil, ou seja, de rápida ciclagem. Ela é composta por diversos grupos de organismos, como bactérias, fungos, algas e protozoários, que desempenham um papel fundamental na dinâmica dos nutrientes e na manutenção da vida no solo (Patra, 1994; Bhuyan *et al.*, 2013; Sahoo *et al.*, 2019).

Por atuar como um reservatório ativo de nutrientes, a BMS é amplamente reconhecida como um indicador sensível de alterações no solo decorrentes do manejo (Patra, 1994). Sua maior concentração ocorre na camada superficial (0-15 cm), onde representa aproximadamente 4% da matéria orgânica total do solo (Das *et al.*, 2023). Os nutrientes armazenados na BMS, na forma de carbono microbiano (Cmic), nitrogênio microbiano (Nmic) e fósforo microbiano (Pmic), contribuem significativamente para a fertilidade do solo, influenciando sua capacidade de suprir nutrientes para as plantas (Mader *et al.*, 2002; Coleman *et al.*, 2004; Zuber e Vilamil, 2016; Zhang *et al.*, 2017).

A respiração basal do solo refere-se à liberação de dióxido de carbono (CO_2) resultante da atividade metabólica de microrganismos heterotróficos na ausência de estímulos externos, como a adição de substratos orgânicos. Esse processo é um indicador essencial da atividade microbiana e da mineralização da matéria orgânica, sendo amplamente utilizado para avaliar a qualidade biológica e a saúde do solo. A taxa de respiração basal é geralmente medida em condições padronizadas de temperatura e umidade e pode ser influenciada por fatores como o teor de matéria orgânica, a disponibilidade de nutrientes, a textura do solo e as práticas de manejo agrícola (Anderson, 1982; Pell *et al.*, 2006; Cremer *et al.*, 2014).

Amostragens de solo para quantificação de C, N e P na biomassa microbiana, bem como medições da taxa de CO_2 liberado durante a decomposição da matéria orgânica, são práticas laboratoriais rotineiras. Essas análises visam acessar os elementos contidos nas células microbianas vivas (C, N e P), além de avaliar sua capacidade respiratória e consequente liberação de CO_2. Portanto, a coleta de solo deve garantir a preservação da integridade celular desde o campo até o laboratório, assegurando a confiabilidade dos dados obtidos.

2. PRINCÍPIOS DE AMOSTRAGEM E COLETA

1. Planejamento da Coleta

Um planejamento bem estruturado é essencial para garantir a representatividade das amostras e minimizar variações indesejadas nos dados. Alguns fatores críticos devem ser considerados:

- **Definição da área e pontos de amostragem:** Escolha locais estratégicos conforme o delineamento experimental, levando em conta gradientes ambientais, histórico de uso do solo, tipo de vegetação e características edafoclimáticas. A distribuição dos pontos deve permitir uma avaliação abrangente da área, podendo ser feita em grade, transectos ou de forma aleatória, dependendo do objetivo do estudo (Labouyrie *et al.*, 2023).

- **Número de amostras:** A quantidade de amostras deve ser definida considerando a variabilidade do solo na área de estudo. Em solos mais heterogêneos, recomenda-se um número maior de coletas para garantir maior representatividade. Podem ser utilizadas amostras simples (individuais) ou compostas (mistura de várias amostras de um mesmo ponto ou área homogênea) (Ma *et al.*, 2020).

- **Época da coleta:** A atividade microbiana no solo pode variar conforme fatores sazonais, como temperatura e umidade. Por isso, a coleta deve ser realizada em períodos com menor variação desses fatores para evitar interferências nos resultados. Recomenda-se evitar coletas logo após chuvas intensas ou períodos de seca extrema, pois a umidade excessiva ou insuficiente pode influenciar as análises (Tomar e Baishya, 2020).

- **Histórico da área:** Informações sobre o uso prévio do solo, práticas agrícolas e fertilização devem ser registradas, pois podem afetar a biomassa microbiana e a respiração basal (Tomar e Baishya, 2020).

2. Procedimentos de Coleta

A adoção de métodos padronizados e cuidadosos na coleta das amostras é essencial para evitar contaminações e alterações indesejadas nos parâmetros analisados (Figura 1).

I. Profundidade do solo: A profundidade de amostragem deve ser definida de acordo com o objetivo da pesquisa. Para estudos de carbono da biomassa microbiana e respiração basal do solo, normalmente são utilizadas camadas superficiais, como 0-10 cm ou 0-20 cm, onde há maior atividade microbiana e acúmulo de matéria orgânica (Sarto *et al.*, 2020).

II. Uso de equipamentos adequados: As amostras devem ser coletadas com trados, pás de aço inoxidável ou anéis volumétricos, sempre devidamente limpos para evitar contaminações cruzadas entre amostras. O uso de luvas descartáveis também é recomendado para evitar a transferência de materiais orgânicos externos (Schinner *et al.*, 2012).

Figura 1. Procedimentos gerais de coleta de solo para fins de avaliação da atividade microbiana

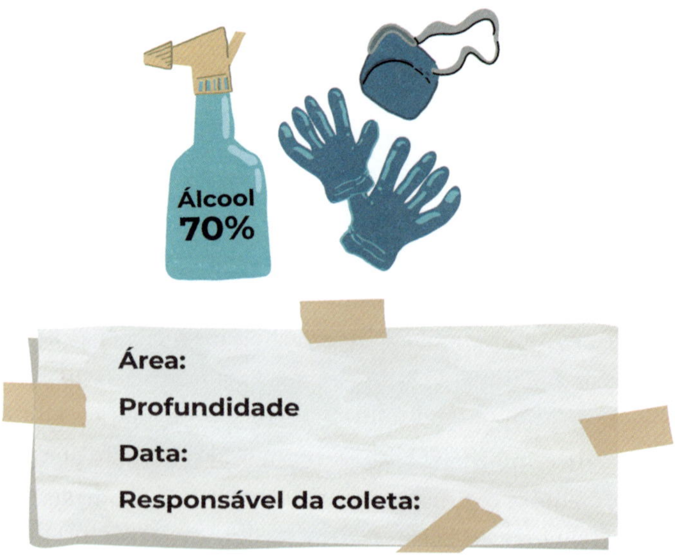

3. Armazenamento e Transporte

Após a coleta, as amostras devem ser transportadas e armazenadas sob condições adequadas para evitar a degradação da matéria orgânica e a perda da atividade microbiana.

- O transporte das amostras de solo deve ser realizado de forma cuidadosa para garantir a preservação das células, evitando degradação ou alteração da atividade microbiana (Lloyd *et al.*, 2022).

- Sempre que possível, as amostras devem ser armazenadas e transportadas em caixas térmicas, para manter a temperatura constante e minimizar a atividade microbiana indesejada antes da análise (Lloyd *et al.*, 2022).

Evitar exposição direta ao calor e à luz solar:

- As amostras devem ser mantidas em locais sombreados e protegidos da radiação solar, pois temperaturas elevadas podem acelerar a degradação da matéria orgânica e alterar as medições de carbono e respiração basal (Lloyd *et al.*, 2022).

Manutenção da umidade do solo:

- A umidade natural do solo deve ser preservada para minimizar alterações na atividade microbiana. Para isso, as amostras devem ser armazenadas e transportadas rapidamente ao laboratório. Recomenda-se colocar um papel toalha na parte superior do saco plástico contendo o solo, garantindo que o elástico utilizado para vedação não impeça completamente a troca de gases entre o meio interno e externo. Esse procedimento reduz o impacto sobre as comunidades microbianas e ajuda a evitar a morte celular (Trevors, 1996).

Tempo de transporte e armazenamento:

- O tempo entre a coleta e a análise deve ser o menor possível, preferencialmente dentro de 24 a 48 horas para minimizar alterações biológicas significativas. Se houver necessidade de armazenamento prolongado antes da análise, as amostras podem ser mantidas a 4°C por curtos períodos (Dinis-Oliveira *et al.*, 2010). Quanto maior o tempo de armazenamento, maior a taxa de mortalidade celular, resultando em uma redução na taxa respiratória e nos valores de biomassa microbiana. Quando as amostras são armazenadas a 4°C, recomenda-se que sejam aclimatadas antes da análise. Esse processo consiste em remover as amostras da câmara fria e mantê-las à temperatura ambiente por pelo menos um dia, com as sacolas plásticas abertas, permitindo a adaptação gradual dos microrganismos às condições experimentais. Isso procedimento visa promover uma "ativação" nas células antes das análises. De qualquer modo, o trabalho com amostras "frescas" é sempre o mais recomendado.

Um planejamento criterioso da amostragem de solo é essencial para garantir dados representativos e minimizar variações. A escolha dos pontos de coleta, a profundidade e os métodos adequados são fundamentais, assim como o armazenamento e transporte corretos para preservar as características do solo (Figura 2).

Figura 2. Esquema didático dos procedimentos de coleta e armazenamento de amostras para carbono da biomassa microbiana e respiração basal do solo

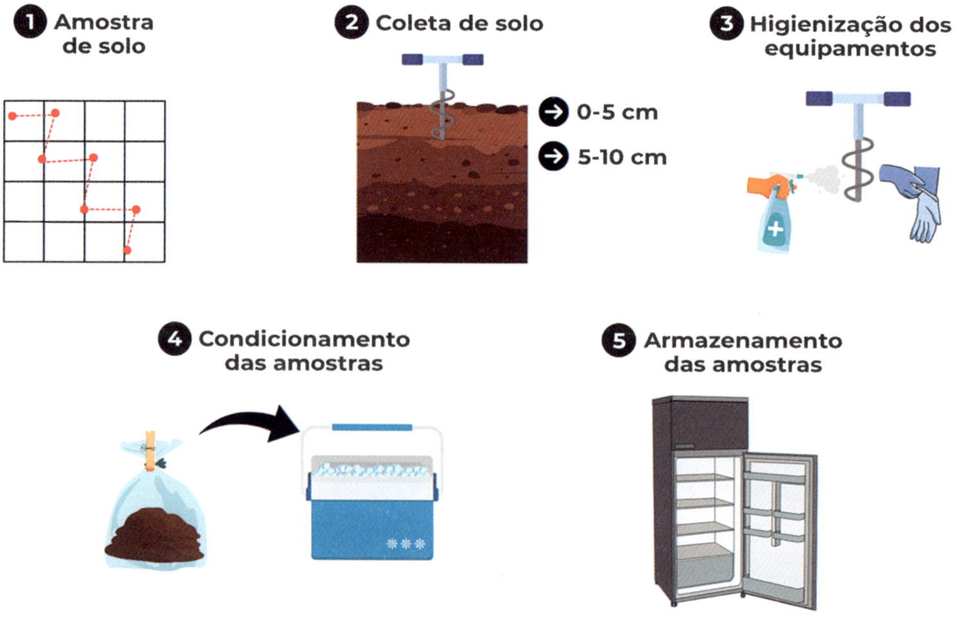

3. CONSIDERAÇÕES FINAIS

A biomassa microbiana do solo (BMS) e a respiração basal do solo (RBS) são indicadores essenciais da qualidade do solo, refletindo a ciclagem de nutrientes e a estabilidade dos ecossistemas. Sua sensibilidade ao manejo os torna ferramentas valiosas para monitorar a saúde do solo. A correta amostragem e armazenamento das amostras são cruciais para garantir resultados confiáveis, exigindo planejamento quanto à profundidade, variabilidade do solo e histórico da área. A adoção de metodologias padronizadas é fundamental para aprimorar o conhecimento sobre a dinâmica microbiana do solo, contribuindo para práticas agrícolas sustentáveis que favorecem a biodiversidade e a fertilidade edáfica.

REFERÊNCIAS

Bhuyan, S.I., Tripathi, O.P., Khan, M.L, 2013. Seasonal changes in soil microbial biomass under different agro-ecosystems of Arunachal Pradesh, North East India, J. Agric. Sci. 8 (3).

Carter, M.R. Microbial biomass as index for tillage-induced changes in soil biological properties. Soil Tillage Res., 7:29-40,1986.

Coleman, D.C., Crossley, D., Hendrix, P.F., 2004. Fundamentals of Soil Ecology. Academic press.

Cremer, R.E., Schulte, R.P.O., Stone, D., Gal, A., Krogh, P.H., Papa, G. Lo., Murray, P.J., Pérès, G., Foerster, B., Rutgers, M., Sousa, J.P., Winding, A., 2014. Measuring basal soil respiration across Europe: Do incubation temperature and incubation period matter? Ecological Indicators 36, 409-418. https://doi.org/10.1016/j.ecolind.2013.08.015

Das, S., Deb, S., Sahoo, S.S., Sahoo, U.K., 2023. Soil microbial biomass carbon stock and its relation with climatic and other environmental factors in forest ecosystems: A review. Acta Ecologica Sinica 43, 933-945.

Freytag, H.E., 1977. Analyse von Bodenatmungskurven. Zentralbl Bakt Abt II 132:452- 460

LABOUYRIE, Maëva *et al.* Patterns in soil microbial diversity across Europe. **Nature Communications**, v. 14, n. 1, p. 3311, 2023.

Lloyd, C. E., Johnes, P. J., Pemberton, J. A., Yates, C. A., Jones, D., & Evershed,

R. P. (2022). Sampling, storage and laboratory approaches for dissolved organic matter characterisation in freshwaters: Moving from nutrient fraction to molecular-scale characterisation. *Science of the Total Environment*, 827, 154105.

MA, Tianwu *et al.* In-situ recommendation of alternative soil samples during field sampling based on environmental similarity. **Earth Science Informatics**, v. 13, p. 39-53, 2020.

Mader, P., Fliessbach, A., Dubois, D., Gunst, L., Fried, P., Niggli, U., 2002. Soil fertility and biodiversity in organic farming. Science 296, 1694–1697. http://dx.doi.org/10. 1126/science.1071148.

Ölinger, R., Beck, T., Heilmann, B., Beese, F., 1996. Soil Respiration. In: Schinner, F., Öhlinger, R., Kandeler, E., Margesin, R. (Eds). Methods in Soil Biology. Springer, Berlim, Heidelberg. https://doi.org/10.1007/978-3-642-60966-4_6

Patra, D.D., 1994, p. 81104. In S.C. Bhandari, L.L. Somani (Eds.), Soil Microbial. Biomass. Ecology and Biology of Soil Organisms, Agrotech Publishing Academy.

Pell, M., Stenström, J., Granhall, U., 2006. Soil Respiration. In: Bloem, J., Hopkins, D.W., Benedetti, A. (Eds.), Microbial Methods for Assessing Soil Quality. CAB International, Wallingford, Oxfordshire, U.K.

Sahoo, U.K., Singh, S.L., Kenye, A., Gogoi, A., 2019. Active and passive soil organic carbon pools as affected by different land use types in Mizoram, Northeast India, PLoS One 14, e0219969.

SARTO, Marcos VM *et al.* Soil microbial community, enzyme activity, C and N stocks and soil aggregation as affected by land use and soil depth in a tropical climate region of Brazil. Archives of Microbiology, v. 202, n. 10, p. 2809-2824, 2020.

Schinner, F., Öhlinger, R., Kandeler, E., & Margesin, R. (Eds.). (2012). Methods in soil biology. Springer Science & business media.

Trevors, J. T. (1996). Sterilization and inhibition of microbial activity in soil. Journal of Microbiological Methods, 26(1-2), 53-59.

Zhang, Q., Miao, F., Wang, Z., Shen, Y., Wang, G., 2017. Effects of long--term fertilization management practices on soil microbial biomass in China's cropland: a meta-analysis. Agronomy Journal 109, 1183–1195. http://

dx.doi.org/10.2134/agronj2016.09. 0553.
Zuber, S.M., Villamil, M.B., 2016. Meta-analysis approach to assess effect of tillage on microbial biomass and enzyme activities. Soil Biology and Biochemistry 97, 176–187. http://dx.doi.org/10.1016/j.soilbio.2016.03.011

METAGENÔMICA E METATRANSCRIPTÔMICA 10.

Ana Vitória Reina da Silva[1], Izadora de Cássia Mesquita da Cunha[1,2], Eduardo Henrique Marcandalli Boleta[1], Thierry Alexandre Pellegrinetti[1], Teresa Maria Lorizolla Mafra[1,2], Lucas William Mendes[1]

[1]**Centro de Energia Nuclear na Agricultura, CENA/USP – Universidade de São Paulo**
Endereço: Av. Centenário, 303 - São Dimas - Piracicaba (SP) - Brasil - CEP 13416-000

[2]**Escola Superior de Agricultura Luiz de Queiroz, ESALQ/USP – Universidade de São Paulo**
Endereço: Av. Pádua Dias, 235 - Agronomia, Piracicaba - SP - CEP 13418-900
E-mail: lwmendes@cena.usp.br

1. INTRODUÇÃO

O solo é um meio complexo que desempenha uma série de funções cruciais no ecossistema, estimulando crescimento, multiplicação e sobrevivência dos organismos. Sendo considerado um dos maiores reservatórios de biodiversidade microbiana da Terra, estima-se que um grama de solo contenha aproximadamente 1030 células microbianas e 104-106 diferentes espécies (Torsvik; Øvreås, 2002). Essa imensa biodiversidade microbiana desempenha papéis cruciais nos ciclos biogeoquímicos e ciclagem de nutrientes, como a fixação de nitrogênio, mobilização de fosfato, inativação de contaminantes, supressão de patógenos e como substrato para o cultivo (Falkowski *et al.*, 2008; Mendes *et al.*, 2011; Wagg *et al.*, 2014; Mendes *et al.*, 2017). Assim, a diversidade microbiana tem sido relacionada com a estabilidade e produtividade do ecossistema e, para uma melhor compreensão do seu funcionamento, os microrganismos que habitam o solo devem ser levados em consideração.

O solo é um ambiente complexo, e dentre seus inúmeros nichos, encontramos a rizosfera, que é uma fina camada de solo ao redor ou aderida às raízes de plantas vasculares superiores. Os microrganismos que residem na rizosfera desempenham um papel fundamental na saúde e defesa vegetal. Esses microrganismos auxiliam na resposta aos estresses bióticos e abióticos, na nutrição, propiciando o desenvolvimento da planta, e podem ser influenciados pelas características físicas, químicas e biológicas do solo. A rizosfera é, portanto, um 'hotspot' dinâmico de diversidade microbiana e interações ecológicas em todo o sistema solo-planta, uma vez que as raízes secretam uma variedade de exsudatos, mucilagem e outros compostos que servem como fonte de nutrientes e energia para os microrganismos (Hartmann *et al.*, 2008; Fierer *et al.*, 2012; Bakker *et al.*, 2013; Mendes; Garbeva; Raaijmakers, 2013; Philippot *et al.*, 2013; Mendes *et al.*, 2014; Castrillo *et al.*, 2017; Fitzpatrick *et al.*, 2018).

A diversidade, abundância e a estrutura da comunidade microbiana na região da rizosfera podem diferir do restante do solo, resultando em um potencial funcional distinto e tornando a diversidade microbiana um importante indicador de saúde do solo. Esses aspectos são de grande relevância para a ecologia da restauração, pois permitem a manipulação dos principais condicionantes do solo, possibilitando a recuperação da biodiversidade e das funções ecossistêmicas em áreas degradadas (Young; Petersen; Clary, 2005; Heneghan *et al.*, 2008; Huang *et al.*, 2014; Fan *et al.*, 2017).

O estudo da composição e diversidade microbiana do sistema solo-planta se tornou fundamental para a compreensão dos mecanismos que impulsionam a distribuição dos microrganismos, bem como os processos que moldam essas comunidades e a caracterização de seu espaço em diversas escalas. Além do enfoque na composição taxonômica, é essencial considerar também os traços funcionais e as relações entre as comunidades microbianas e os fatores ambientais. Para isso, têm sido desenvolvidos métodos cada vez mais avançados de análise de microbiomas, com o auxílio de técnicas genômicas, bioinformáticas e da biologia molecular (Langenheder *et al.*, 2010; Mendes *et al.*, 2015).

Dentre as metodologias mais importantes para a análise de microbiomas estão as técnicas baseadas na amplificação de um gene alvo por PCR, bem como as análises que contemplam todos os genes de maneira conjunta, como a metagenômica e metatranscriptômica. Essas técnicas são essenciais para a ecologia, pois permitem amostrar um grande número de indivíduos dentro de comunidades compostas por diversos grupos taxonômicos, gerando uma cobertura ecológica ampla o suficiente para inferir sobre a composição e resposta dessas comunidades em diferentes condições ambientais (Andreote, 2014). Diante dos recentes avanços tecnológicos na área genômica, estudos baseados em metagenômica, definido aqui como o sequenciamento de DNA total extraído de amostras ambientais, podem ser de grande valor para investigar as respostas da comunidade microbiana em diferentes condições. O desenvolvimento da análise metagenômica revolucionou o acesso às espécies de microrganismos do solo não cultiváveis, permitindo a criação de bibliotecas metagenômicas contendo o material genético de todos ou da maioria dos microrganismos presentes em um determinado ambiente. Essa abordagem inovadora transformou o estudo da diversidade, da genômica e da função gênica em microrganismos (Fierer *et al.*, 2012; Parida *et al.*, 2015; Vestergaard *et al.*, 2017; Saheb; Kashaf *et al.*, 2021).

A técnica de sequenciamento genômico dos organismos no microbioma utiliza uma combinação de métodos clássicos de biologia molecular, incluindo extração e sequenciamento de DNA, além de abordagens da microbiologia, como caracterização fisiológica dos microrganismos. Essa abordagem fornece informações valiosas sobre as interações das comunidades microbianas com o meio ambiente, permitindo uma análise mais completa da resposta do ecossistema às mudanças ambientais. Além disso, essa técnica também é capaz de fornecer informações sobre a diversidade e abundância de cada microrganismo presente em uma amostra, como também seu perfil funcional (Embrapa, 2010). Os dados gerados por esse método podem ser aplicados em diversas áreas, como na proteção de culturas, na identificação de microrganismos específicos, rotas metabólicas ou a presença de genes biotecnologicamente importantes, como aqueles envolvidos na ciclagem de nitrogênio (*nif*H – fixação biológica de nitrogênio; *amo*A – nitrificação; *nir*K, *nos*Z - desnitrificação), enxofre (*dsr*B – redução de sulfato; *apr*A – redução e oxidação do enxofre) ou carbono (*mcr*A – metanogênese, *pmo*A - metanotrofia) (Hanson; Hanson, 1996; Henckel *et al.*,

2000; Geets *et al.*, 2006; Henry *et al*, 2006; Bernhard *et al.*, 2007; Gilbert; Dupont, 2011; Parida *et al.*, 2015).

Outro método valioso para a análise do microbioma é a transcriptômica, que utiliza moléculas de RNA como ferramenta para a análise da atividade funcional da comunidade microbiana. Diferente da técnica de metagenômica, a metatranscriptômica visa identificar quais desses genes estão sendo expressos ativamente no ambiente avaliado no momento da coleta da amostra (Poretsky *et al.*, 2005; Frias-Lopez *et al.*, 2008; Gilbert *et al.*, 2008; Poretsky *et al.*, 2010). Essa ferramenta é capaz de fornecer perfis completos de expressão gênica de comunidades microbianas, análise taxonômica de espécies, análise de enriquecimento funcional de genes expressos, anotação de genes funcionais, análise taxonômica de RNA ribossomal (rRNA) e RNA mensageiro (RNAm) e análise comparativa entre várias amostras. O sequenciamento do RNA total ou a separação do RNAm podem ser usados para a análise taxonômica dos grupos com metabolismo ativo, enquanto as sequências de RNAm são utilizadas para a análise das funções ativas na amostra (He *et al.*, 2010).

Apesar dos avanços das tecnologias "ômicas" para o estudo de comunidades microbianas, a coleta de amostras de solo e rizosfera é um passo crucial para o sequenciamento metagenômico ou metatranscriptômico, pois é a partir dessas amostras que se pode extrair o material genético total que representa a diversidade microbiana presente nas amostras. Dessa forma, este capítulo busca detalhar os materiais e a metodologia utilizada para a coleta de amostras de solo e rizosfera para a obtenção de um DNA/RNA de qualidade para o sequenciamento.

2. MATERIAIS USADOS PARA COLETA DE SOLO E RIZOSFERA

Para a realização da amostragem para análises moleculares, é crucial que se faça uma boa organização e obtenção dos materiais antes da coleta. Isso garantirá que as amostras sejam coletadas de forma apropriada, evitando contaminações e preservando a integridade do material para uma análise mais precisa. O Quadro 1 reúne uma lista de materiais essenciais para a coleta de solo.

Quadro 1. Lista de materiais necessários para a coleta de solo e rizosfera para análises moleculares

Materiais	Aplicações
Microtubos Eppendorf	Identificados de acordo com o nome de cada amostra, tratamento, área, etc.
Estante para Microtubos	Organização e armazenamento das amostras.
Kit Jardinagem ou Trado perfurador 3/4	Retirar a planta/amostra e cavar o solo (Experimento em vaso).
Pá reta ou Trado de coleta	Retirar a planta/amostra e cavar o solo (Experimento em campo).
Papel Alumínio	Transferência do solo.
Álcool 70%	Higienização dos materiais.
Caixa térmica com gelo	Armazenamento das amostras (DNA).
Caixa térmica com Nitrogênio Líquido	Armazenamento das amostras (RNA).
Papel Toalha	Higienização de materiais.
Luvas	Evitar contaminações.
Kit papelaria	Anotações e identificação.
Tesoura de poda	Corte preciso de raízes e caules.

3. PROCEDIMENTOS DE COLETA DE SOLO E RIZOSFERA

Os micro-organismos são extremamente sensíveis aos fatores ambientais, sejam eles bióticos ou abióticos. Por esse motivo, os procedimentos de amostragem para análises biológicas devem ser distintos dos utilizados em coletas de solos comuns para análises químicas e físicas. A amostragem de solo rizosférico requer cuidados adicionais, uma vez que a diversidade microbiana pode variar em uma escala de espaço muito pequena. Além disso, é essencial que as amostras de solo e rizosfera sejam coletadas no mesmo dia, no mesmo horário e sob as mesmas condições ambientais para garantir a homogeneidade entre as amostras, caso o objetivo da pesquisa seja a comparação entre os dois nichos. No caso de experimentos em casa de vegetação, é fundamental manter as condições de temperatura e umidade iguais entre as amostras. Já em experimentos a campo, onde são utilizados blocos casualizados, recomenda-se coletar o solo e a rizosfera de um mesmo bloco, com pouco intervalo de tempo entre as amostras. Dessa forma, é possível minimizar as variações inerentes ao processo de amostragem e obter resultados mais confiáveis e precisos. A seguir, detalhamos a metodologia para a coleta de solo e rizosfera em separado, destacando as diferenças e os principais cuidados na obtenção das amostras.

3.1 SOLO

No estudo das ciências microbiológicas, a região conhecida como o solo bulk (do inglês Bulk soil) é considerada a área dos solos cultivados com menor influência dos exsudatos radiculares das plantas. Esses exsudatos podem ser compostos por diversos tipos de substâncias orgânicas que influenciam diretamente na atividade e funções biológicas do solo. A coleta do solo em amostras de campo pode ser realizada na entrelinha da cultura, longe das raízes das plantas. Já em experimentos de vasos em casa de vegetação, o solo bulk deve ser retirado de um vaso sem planta, uma vez que o sistema radicular pode tomar todo o vaso. É importante também destacar que o vaso sem planta deve ser mantido nas mesmas condições dos demais vasos com plantas (umidade, temperatura, irrigação e fertilização).

Em amostras de campo, a coleta deve ser realizada de forma homogênea no perfil do solo, na profundidade de 0 a 20 cm, coletando cerca de 100 g de solo utilizando ferramentas como kit de jardinagem, pá ou trado. É importante remover a camada de serapilheira dos primeiros centímetros de solo antes da coleta. Em seguida, o solo deve ser despejado em papel alumínio e a amostra laboratorial retirada desta fração deve ser colocada em tubos identificados do tipo Eppendorf ou Falcon, que devem ser imediatamente armazenados em caixa térmica. Para evitar contaminações cruzadas, é necessário limpar as partes do trado/pá que tiveram contato com o solo com álcool 70%, trocar ou higienizar as luvas e descartar o papel alumínio utilizado para a amostra anterior antes de coletar a próxima amostra.

Com relação ao número de amostras, o ideal é que se tenha um número mínimo de réplicas de um mesmo tratamento para uma análise estatística mais robusta e confiável. Assim, sugere-se que seja coletado um mínimo de 3 a 5 réplicas biológicas em cada tratamento. Para coleta em campo, diferentes metodologias de coleta podem ser aplicadas, dependendo do objetivo da pesquisa. Na Figura 1 exemplificamos algumas estratégias de amostragem, considerando diferentes objetivos de pesquisa.

Figura 1. Esquemas exemplificando diferentes estratégias para coleta de amostras em campo

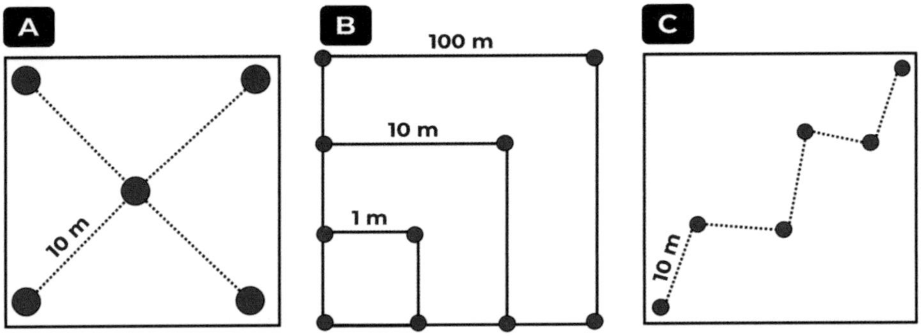

(A) Distribuição de cinco pontos a partir de um ponto central, distando 10 metros entre eles. (B) Distribuição de 10 pontos para uma análise biogeográfica, cobrindo uma área de um hectare. (C) Distribuição de seis pontos em um tratamento em linha, com pontos distando 10 metros entre si. Os pontos em marrom designam os locais de coleta das amostras de solo.

A Figura 1A mostra uma estratégia de amostragem em campo com cinco pontos distribuídos a partir de um ponto central, com 10 metros de distância entre eles. Essa metodologia é ideal para amostragem de grandes áreas, como áreas nativas e campos agrícolas de grande extensão. A Figura 1B exemplifica uma estratégia de coleta de amostras para estudos de biogeografia, onde a distância entre os pontos de coleta é considerada nas análises. Nesse esquema, 10 pontos amostrais foram distribuídos numa área de 1 hectare, com as distâncias aumentando a partir de um ponto inicial. Já na Figura 3C é exemplificado uma estratégia de coleta em zigue-zague, com pontos distando 10 metros entre si. Essa metodologia é ideal para coleta de amostras em tratamentos dispostos em linhas contínuas. A figura 1 ilustra apenas três exemplos de estratégias de coleta de amostras em campo, porém, para se definir a melhor estratégia, deve-se levar em consideração o objetivo da pesquisa, o número de réplicas e o tamanho da área a ser amostrada.

3.2 RIZOSFERA

Como introduzido acima, a rizosfera é a uma região do solo que está em contato com as raízes, sendo influenciada por elas por meio dos processos de exsudação. Na rizosfera ocorrem interações benéficas ou potencialmente prejudiciais entre micro-organismos e plantas. Essa região é rica em nutrientes e pode abrigar uma grande diversidade de micro-organismos, como bactérias, fungos e vírus, que desempenham papéis importantes na saúde das plantas, no ciclo de nutrientes e na qualidade do solo (Figura 2A). Por este motivo, nos últimos anos, têm aumentado muito o interesse por pesquisas que buscam desvendar os mecanismos de seleção e montagem do microbioma da rizosfera de diferentes espécies vegetais (Philippot *et al.*, 2013).

Figura 2. Rizosfera

(A) A rizosfera é uma zona estreita de solo (alguns milímetros de espessura) que circunda e é influenciada pelas raízes das plantas. (B) O solo rizosférico é considerado o solo aderido às raízes da planta.

O primeiro fator a ser considerado para o estudo do microbioma da rizosfera é o estádio fenológico da planta. A fase vegetativa da planta é uma das fases mais importantes, pois é quando a planta se desenvolve e cria a estrutura necessária para produzir energia e suportar sua produção. É também nessa fase que acontece a maior atividade de raiz e, consequentemente, maior interação entre a planta e o microbioma da rizosfera. Estudos mostram que o microbioma da rizosfera varia de acordo com o estádio de desenvolvimento da planta (Araujo *et al.*, 2019; Moroenyane *et al.*, 2021). Dessa forma, a maioria dos estudos considera a melhor época de coleta do solo rizosférico o final da fase vegetativa, no pré-florescimento da planta.

Na coleta de amostras do solo rizosférico é importante que o solo esteja em boas condições de umidade, nem tão seco e nem tão úmido, facilitando a coleta. Recomenda-se cavar cuidadosamente o solo em torno do sistema radicular, de modo a permitir a retirada da maior quantidade possível de raízes. Para obter o solo rizosférico, é necessário agitar levemente o sistema radicular e remover o solo fracamente aderido, até que reste apenas o solo preso às raízes (Figura 2B). As amostras devem ser coletadas utilizando espátulas estéreis e colocadas sobre papel alumínio. É importante higienizar as ferramentas e as luvas com álcool 70% e substituir o papel alumínio a cada nova amostra para evitar a contaminação entre amostras (Figura 3).

Figura 3. Desenho esquemático da coleta de solo rizosférico

Após o crescimento da planta até a período fenológico de interesse, ela é retirada do solo e chacoalhada para a remoção do solo fracamente aderido às raízes. Então, com a ajuda de uma espátula esterilizada, o solo remanescente fortemente aderido às raízes é coletado.

Para garantir a preservação da qualidade das amostras coletadas, o solo rizosférico deve ser transferido para microtubos Eppendorf de 1,5-2,0 mL e rapidamente armazenadas na temperatura adequada. É importante destacar que as amostras destinadas à análise de DNA e RNA requerem condições de preservação específicas, que serão discutidas na seção a seguir.

4. TRANSPORTE E CONSERVAÇÃO DAS AMOSTRAS

As amostras recém-coletadas de solo e rizosfera destinadas à extração de DNA para análises metagenômica devem ser mantidas em caixa térmica contendo gelo, para serem transportadas da área de coleta até o laboratório, onde devem ser conservadas em freezer a -20ºC. O DNA é um material nucleico em dupla fita, sendo mais estável e menos passível de degradação quando comparado ao RNA de fita simples. Assim, as amostras coletadas destinadas à extração de RNA para análises metatranscriptômica devem ser imediatamente colocadas em nitrogênio líquido e transportadas até o laboratório destinado e armazenadas em ultrafreezer a -80ºC. Como alternativa, existem kits comerciais que preservam o RNA em temperatura ambiente, como o RNAlater, disponibilizado por diferentes empresas. Para a escolha da melhor estratégia, deve-se considerar a disponibilidade de nitrogênio líquido e o tempo de transporte da amostra até de serem armazenadas a -80ºC. Caso esse transporte demande dias, é mais viável o uso de kits de preservação.

A conservação das amostras é de extrema importância, uma vez que mudanças de pH, altas temperaturas, exposição à radiação e a agentes oxidantes podem levar a degradação do material genético presente. Para evitar a degradação das fitas de nucleotídeos, a desnaturação de proteínas e impedir a diminuição da concentração de DNA ou RNA, é fundamental diminuir algumas atividades microbianas e impedir a alteração da viabilidade das amostras (Baust, 2008; Liu *et al.*, 2017; Martinez *et al.*, 2018). Como mencionado acima, o RNA é mais facilmente degradável em comparação ao DNA e, portanto, requer mais cuidado no momento da preservação. A degradação pode ocorrer por oxidação, atividades de complexos metálicos ou nucleases contaminantes, entre outros (Fabre *et al.*, 2013). Por essa razão, a temperatura ideal para o armazenamento de amostras de RNA é a -80ºC, a fim de minimizar a reatividade do RNA com as ribonucleases ativas a -20ºC e a atividade de algumas ribozimas, que ainda é significante a -70ºC.

A análise molecular de solo e rizosfera tem se tornado cada vez mais importante na área da microbiologia e ecologia microbiana, pois permite a compreensão dos mecanismos envolvidos na interação planta-micro-organismos e na dinâmica dos ecossistemas terrestres. No entanto, a obtenção de resultados precisos e confiáveis depende da coleta e preservação adequadas das amostras. Para que o material genético presente nas amostras seja preservado, é necessário o uso de métodos de conservação específicos, que garantam a integridade das moléculas de DNA e RNA. A escolha do método de conservação deve ser realizada com cautela, levando em consideração as particularidades de cada tipo de análise, pois a escolha inadequada pode levar à degradação do material genético, comprometendo a qualidade e a precisão dos resultados. A coleta deve ser realizada em locais representativos do ecossistema estudado, considerando fatores como a variação sazonal e a heterogeneidade do solo. Além disso, deve-se evitar a contaminação das amostras por micro-organismos e outras substâncias, garantindo assim a integridade dos dados obtidos.

5. CONSIDERAÇÕES FINAIS

A metagenômica e a metatranscriptômica se tornaram ferramentas indispensáveis para o estudo da diversidade, estrutura, composição e metabolismo dos micro-organismos ambientais, cuja maioria ainda não é cultivável. Essas análises permitem que pesquisadores estudem genes e funções microbianas previamente inacessíveis, abrindo um grande leque de possibilidades analíticas nos mais diversos ambientes. Apesar dos avanços recentes em tecnologias de sequenciamento e ferramentas de bioinformática, os dados obtidos ainda são influenciados por processos metodológicos, como amostragem do solo, extração de DNA e RNA, adsorção de ácidos nucleicos a partículas do solo, preparação de amostras, protocolos de sequenciamento, análise de sequências e anotações taxonômicas e funcionais (Nesme *et al.*, 2016). O uso de diferentes metodologias influencia tanto os resultados qualitativos quanto quantitativos de pesquisas moleculares e de metagenômica (Delmont *et al.*, 2013). Dessa forma, a padronização da metodologia, desde a coleta de amostras até o transporte e armazenamento, é essencial para a obtenção de dados robustos que possam ser comparáveis. Apesar dessas limitações, os estudos baseados nas "ômicas" permitiram o acesso a uma enorme diversidade microbiana antes desconhecida, acelerando a descoberta de novos filos, classes, gêneros e fornecendo meios para a correlação entre taxonomia e funções metabólicas.

Agradecimentos
Os autores desse capítulo agradecem o apoio da FAPESP (2019/16043-7, 2020/12890-4, 2021/08804-8, 2022/00552-2, 2022/08729-9), CNPq (307670/2021-0), CAPES (88887.636994/2021-00) e PRPI-USP (22.1.08498.01.0).

REFERÊNCIAS

ANDREOTE, F. D. **Estrutura e função do microbioma de solos brasileiros**. 2014. Tese (Livre Docência) - Universidade de São Paulo, Piracicaba, 2014.

ARAUJO, A.S.F., MIRANDA, A.R.L., SOUSA, R.S., MENDES, L.W., ANTUNES, J.E.L., OLIVEIRA, L.S.O., ARAUJO, F.F., FIGUEIREDO, M.V.B., 2019. Bacterial community associated with rhizosphere of maize and cowpea in a subsequent cultivation. *Appl. Soil Ecol.* 143, 26–34.

BAKKER P.A.H.M; DOORNBOS, R.F; ZAMIOUDIS, C *et al.* Induced systemic resistance and the rhizosphere microbiome. *Plant Pathol J*; 29:136–43, 2013.

BAUST, J. G. Strategies for the storage of DNA. *Cell Preservation Technology*, vol. 6, n. 4, dez. 2008, p. 251. Gale OneFile: Health and Medicine, 2008.

BATISTA, A. M. O sistema radicular na estruturação do solo avaliada pela argila dispersa em água. Dissertação (Mestrado em Solos e Nutrição de Plantas) Escola Superior de Agricultura Luiz de Queiroz, Universidade de São Paulo, Piracicaba, 2018.

BERNHARD, A.E. *et al.* Functionally distinct communities of ammonia-oxidizing bacteria along an estuarine salinity gradient. Environmental Microbio-

logy, Oxford, v. 9, p. 1439-1447, 2007.
CASTRILLO, G; TEIXEIRA, P.J.P.L; PAREDES, S.H *et al.* Root microbiota drive direct integration of phosphate stress and immunity. *Nature* 2017;543:513–8.
DELMONT, T.O., SIMONET, P., AND VOGEL, T.M. 2013. Mastering methodological pitfalls for surviving the metagenomic jungle. Bioessays 35, 744–754.
FABRE, A. L. *et al.* An efficient method for long-term room temperature storage of RNA. Nature, 2013.
FALKOWSKI, P.G; FENCHEL, T; DELONG, E.F. The microbial engines that drive Earth's biogeochemical cycles. Science 320: 1034–1039, 2008.
FAN, K; CARDONA, C; LI, Y *et al.* Rhizosphere-associated bacterial network structure and spatial distribution differ significantly from bulk soil in wheat crop fields. *Soil Biol Biochem* 2017;113:275–84.
FIERER, N. *et al.* Cross-biome metagenomic analyses of soil microbial communities and their functional attributes. **Proceedings of the National Academy of Sciences of the United States of America**, v. 109, n. 52, p. 21390–21395, 2012.
FITZPATRICK, C.R; COPELAND, J; WANG, P.W *et al.* Assembly and ecological function of the root microbiome across angiosperm plant species. *Proc Natl Acad Sci USA* 2018;22:1157–65.
FRIAZ-LOPEZ, J. *et al.* Microbial community gene expression in ocean surface waters. Proceedings of the National Academy of Science of United States of America of the USA, Washington, v. 105, p. 3805–3810, 2008.
GEETS, J. *et al.* dsrB gene-based DGGE for community and diversity surveys of sulfate-reducing bacteria. Journal of Microbiological Methods, Amsterdam, v. 66, p. 194–205, 2006.
GILBERT, J.A. *et al.* Detection of large numbers of novel sequencer in the metatranscriptomes of complex marine microbial communities. *PloS One*, São Francisco, v. 3, p. 3042, 2008.
GILBERT, J. A; DUPONT, C. L. (2011). Microbial Metagenomics: Beyond the Genome. Annual Review of Marine Science, 3(1), 347–371. doi:10.1146/annurev-marine-120709-142811.
HANSON, R.S; HANSON, T.E. Methanotrophic bacteria. Microbiological Reviews, Washington, v. 60, p. 439-471, 1996.
HARTMANN, A; ROTHBALLER, M; SCHMID M.; HILTNER, L. A pioneer in rhizosphere microbial ecology and soil bacteriology research. *Plant Soil*;

312:7–14, 2008.

HE, S. *et al.* Validation of two ribosomal RNA removal methods for microbial metatranscriptomics. Nature Methods, London, v. 7, n. 10, p. 807-12, 2010.

HENCKEL, T; ROSLEV, P; CONRAD, R. Effects of O2 and CH4 on presence and activity of the indigenous methanotrophic community in rice field soil. Environmental Microbiology, Oxford, v. 2, p. 666-679, 2000.

HENEGHAN, L; MILLER, S.P; BAER, S; CALLAHAM, M.A; MONTGOMERY, J; PAVAO-ZUCKERMAN, M *et al.* Integrating soil ecological knowledge into restoration management. Restor Ecol 16: 608–617, 2008.

HENRY, S. *et al.* Quantitative detection of the nosZ gene, encoding nitrous oxide reductase, and comparison of the abundances of 16S rRNA, narG, nirK, and nosZ genes in soils. Applied and Environmental Microbiology, Washington, v. 72, p. 5181-5189, 2006.

HUANG, X.F; CHAPARRO, J.M; REARDON, K.F *et al.* Rhizosphere interactions: root exudates, microbes, and microbial communities. *Botany* 2014;92:267–75.

LANGENHEDER, S; BULLING, M.T; SOLAN, M *et al.* Bacterial biodiversityecosystem functioning relations are modified by environmental complexity. PLoS One 2010;5:e10834.

LIU, Y. *et al.* DNA preservation in silk. Royal Society of Chemistry, 2017.

MARTINEZ, G. G. *et al.* ESTOCAGEM DE DNA A TEMPERATURAS VARIADAS: ANÁLISE DA CONCENTRAÇÃO. *Revista Saúde em Foco*, ed. 10, 2018. UNISEPE, 2018.

MENDES, R; M. KRUIJT, *et al.* "Deciphering the Rhizosphere Microbiome for Disease-Suppressive Bacteria." Science 332(6033): 1097-1100, 2011.

MENDES, R.; GARBEVA, P.; RAAIJMAKERS, J. M. The rhizosphere microbiome: significance of plant beneficial, plant pathogenic, and human pathogenic microorganisms, *FEMS Microbiology Reviews*, v. 37, p. 634–663 2013. https://doi.org/10.1111/1574-6976.12028

MENDES, L.W; KURAMAE, E.E; NAVARRETE, A.A *et al.* Taxonomical and functional microbial community selection in soybean rhizosphere. *ISME J*;8:1577–87, 2014.

MENDES, L.W; RAAIJMAKERS, J.M; HOLLANDER, M *et al.* Influence of resistance breeding in common bean on rhizosphere microbiome composition and function. ISME J; 12:212–24, 2018.

MENDES, L.W; BRAGA, L.P.P; NAVARRETE, A.A.; SOUZA, D.G.; SILVA, G.G.Z.; TSAI, S.M. Using metagenomics to connect microbial Community biodiversity and functions. *Curr Issues Mol Biol* 24, 103-118, 2017.

MENDES, L.W; TSAI, S.M; NAVARRETE, A.A *et al.* Soil-bornemicrobiome: Linking diversity to function. Microb Ecol 2015;70:255–65.

MOROENYANE, I., MENDES, L.W., TREMBLAY, J.; TRIPATHI, B., YERGEAU, É. 2021. Plant compartments and developmental stages modulate the balance between niche-based and neutral processes in soybean microbiome. *Mic. Ecol. 82, 416-428.*

NESME, J., ACHOUAK, W., AGATHOS, S.N., *et al.* (2016). Back to the Future of Soil Metagenomics. Front. Microbiol. 7, 73.

PARIDA, L *et al.* Host Trait Prediction of Metagenomic Data for Topology-Based Visualization. R. Natarajan *et al.* (Eds.): ICDCIT 2015, LNCS 8956, pp. 134–149, 2015.Springer International Publishing Switzerland, 2015.

PESSOA FILHO, M.AC.P. Metagenômica e sua aplicação no estudo de diversidade e função de microrganismos de solos do Cerrado. ISSN online. Embrapa Cerrados - Planaltina, DF, 2010.

PHILIPPOT, L; RAAIJMAKERS, J.M; LEMANCEAU, P *et al.* Going back to the roots: the microbial ecology of the rhizosphere. *Nat Ver Microbiol* 2013;11:789–99.

PORETSKY, R.S. *et al.* Analysis of microbial gene transcripts in environmental samples. Applied and Environmental Microbiology, Washington, v. 71, p. 4121–4126, 2005.

PORETSKY, R.S. *et al.* Transporter genes expressed by coastal bacterioplankton in response to dissolved organic carbon. Environmental Microbiology, Oxford, v. 12, p. 616–627, 2010.

RANGASWAMI, G.; OBLISAMI, G. A study of the correlation between the antagonistic actinomycetes and the physical and chemical properties of some soils of south India. Indian Phytopatology, New Delhi, v. 20, p. 280-290, 1967.

SAHEB KASHAF, S. *et al.* Recovering prokaryotic genomes from host-associated, short-read shotgun metagenomic sequencing data. *Nature Protocols*, v. 16, n. 5, p. 2520–2541, 2021.

SUGIYAMA, A; UEDA, Y; ZUSHI, T *et al.* Changes in the bacterial Community

of soybean rhizospheres during growth in the field. PLoS One 2014;9:e100709.
TORSVIK, V; ØVREÅS, L., THINGSTAD, T.F. Prokaryotic diversity – magnitude, dynamics, and controlling factors. Science 296, 1064–1066, 2002.
TURNBULL AL *et al.* 2012. Isolation of bacteria from the rhizosphere and rhizoplane of potato (Solanum tuberosum) grown in two distinct soils using semi selective media and characterization of their biological properties. American Journal of Potato Research 89: 294-305.
TORSVIK, V.; ØVREÅS, L. Microbial diversity and function in soil: from genes to ecosystems. Current Opinion in Microbiology, v. 5, p. 240-245, 2002. https://doi.org/10.1016/S1369-5274(02)00324-7 .
VESTERGAARD, G.; SCHULZ,S.; SCHÖLER, A.; SCHLOTER, M. Making big data smart—how to use metagenomics to understand soil quality. **Biology and Fertility of Soils**, v. 53, n. 5, p. 479–484, 2017.
WAGG, C; BENDER, S.F; WIDMER, F; VAN DER HEIJDEN, M.G. Soil biodiversity and soil community composition determine ecosystem multifunctionality. Proc Natl Acad Sci USA 111: 5266–5270, 2014.
YOUNG, T. P; PETERSEN, D. A; CLARY, J. J. The ecology of restoration: historical links, emerging issues and unexplored realms. Ecol Lett 8: 662–673, 2005.
ZHU, B; GUTKNECHT, J.L.M; HERMAN, D.J *et al.* Rhizosphere priming effects on soil carbon and nitrogen mineralization. *Soil Biol Biochem* 2014;76:183–92.

MANGUEZAIS

11.

Amália Kessia Nobre Maia[1], Tallita Cruz Lopes Tavares[1], Vânia Maria Maciel Melo[2]

[1]**Instituto de Ciências do Mar, Universidade Federal do Ceará (UFC)**
Endereço: Av. da Abolição, 3207 - Meireles, Fortaleza - CE - CEP 60165-081
E-mails: tallita.tavares@ufc.br e amalianobremaia@gmail.com

[2]**Departamento de Biologia, Laboratório de Ecologia Microbiana e Biotecnologia, Universidade Federal do Ceará (UFC)**
Endereço: Universidade Federal do Ceará - Av. Humberto Monte, 2977 - Campus do Pici Depto. de Biologia, Bloco 909 - CEP 60455-760
E-mail: vmmmelo@ufc.br

1. INTRODUÇÃO

Manguezais são ecossistemas costeiros situados entre os ambientes terrestre e marinho, sujeitos ao regime das marés, característicos de regiões tropicais e subtropicais. Esses ecossistemas são encontrados em pelo menos 118 países e territórios (Giri *et al.*, 2011; Spalding; Kainuma; Collins, 2010). Indonésia, Brasil, Austrália, México e Nigéria têm as maiores áreas de manguezais do mundo, detendo juntos quase 50% da área total (147.359,00 km2) (Bunting *et al.*, 2022). No Brasil, os manguezais se estendem desde o Oiapoque, no Amapá, até Laguna, em Santa Catarina (Schaeffer-Novelli *et al.*, 1990).

Figura 1. Distribuição global de manguezais e número de espécies ao longo de cada região

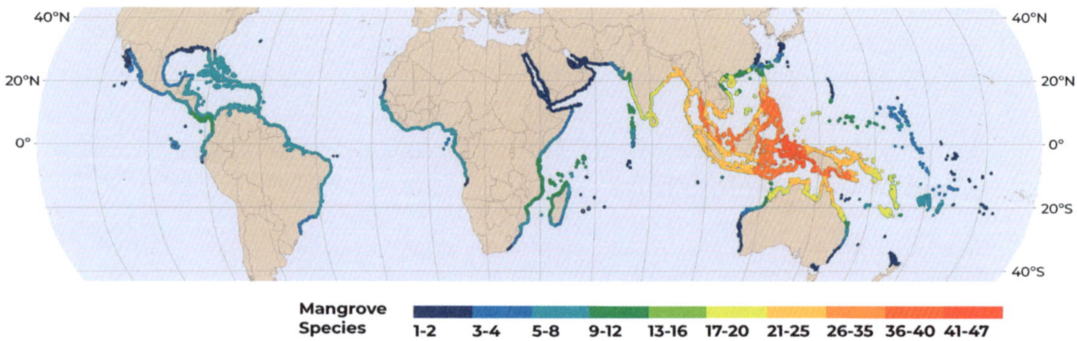

Fonte: *Deltares (2014)*

A vegetação do manguezal, conhecida como "mangue", compreende um grupo floristicamente diverso de árvores tropicais de diferentes famílias botânicas, dotadas de adaptações para crescer em ambientes abrigados, banhados por águas salobras ou salgadas, com reduzida disponibilidade de oxigênio e substrato inconsolidado (ICMBio, 2018). Os mangues verdadeiros ocorrem exclusivamente no manguezal, desempenham um papel importante na comunidade e podem formar florestas quase monoespecíficas. Em todo o mundo existem apenas 28 gêneros e cerca de 73 espécies de mangues (Duke; Allen, 2005). Considerando a classificação sugerida por Tomlinson (1986), no Brasil são três os gêneros de mangues, com um total de seis espécies típicas: o mangue-vermelho (gênero *Rhizophora*, com as espécies *R. mangle*, *R. harrisonii* e *R. racemosa*); o mangue-branco (*Laguncularia racemosa*); e o mangue-preto (gênero *Avicennia*, com as espécies *A. schaueriana* e *A. germinans*).

Quando entramos no manguezal é possível reconhecer os diferentes tipos de mangues por suas características peculiares. O mangue-vermelho (gênero *Rhizophora*), popularmente conhecido como mangue sapateiro, apresenta sistema radicular profundo e estruturas aéreas que crescem com geotropismo positivo, os rizóforos (raízes-escora). Essas raízes apresentam lenticelas, órgãos de arejamento, responsáveis pela troca gasosa entre a planta e o ambiente. O mangue-preto (gênero *Avicennia*), popularmente conhecido como siriúba, apresenta penumatóforos ou raízes aéreas, adaptação relacionada às trocas gasosas necessárias à sobrevivência da árvore em um sedimento pouco oxigenado. O mangue-branco (gênero *Laguncularia*), apresenta glândulas de sal nas folhas por onde excretam sal. O sistema radicular do mangue-branco, do tipo radial, é semelhante ao do mangue-preto, porém com pneumatóforos menos desenvolvidos e em menor número (Figuras 2 e 3).

Figura 2. Guia de campo das principais diferenças visíveis entre o sistema radicular e foliar dos gêneros *Rhizophora*, *Avicennia* e *Laguncularia*

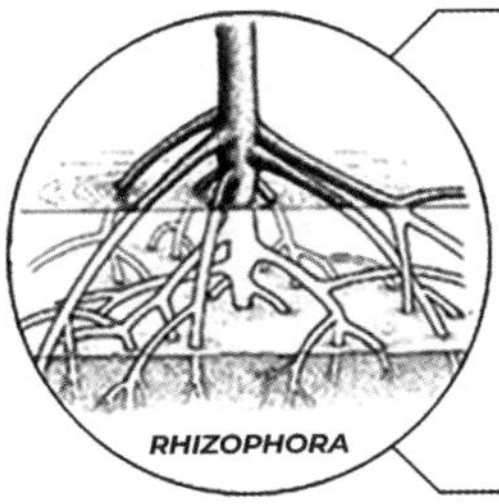

Sistema Radicular

Raízes adventícias (raízes escora) e rizóforos

Folhas

Lisas em tom de verde escuro a amarelado, coriáces, oblongas com margem inteiras e hastes avermelhadas

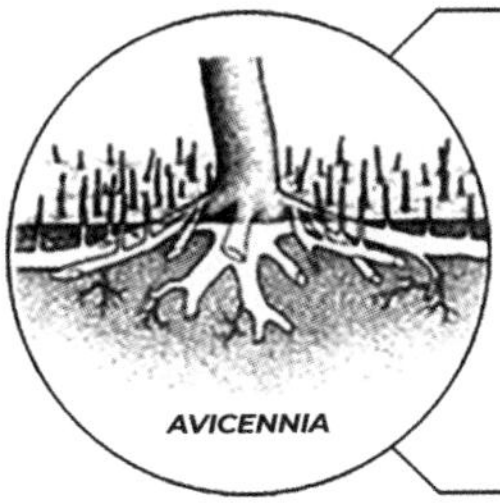

Sistema Radicular

Pneumatóforos finos e longos que se projetam para fora do solo

Folhas

Pontiagudas oblongas a lanceoladas, verde-brilhante na parte superior e pálida na parte inferior, pontos glandulares na superfície com deposição de sal

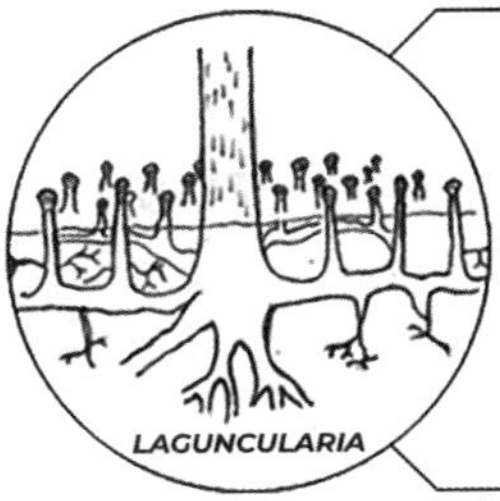

Sistema Radicular

Raízes adventícias e pneumatóforos menores e mais grossos que os de *Avicennia*

Folhas

Longas e arredondadas com pecíolo vermelho e dois nectários na base do pecíolo

Figura 3. Arquitetura das raízes de *Rhizophora mangle* (A e B); Detalhe das raízes-escora de *R. mangle* (B1) e de pneumatóforos de *Laguncularia racemosa* (B2)

Assim como as plantas, praticamente todos os animais associados ao manguezal estão de alguma forma sujeitos às variações diárias do ambiente impostas pelas flutuações das marés, de forma direta ou indireta, e portanto, têm adaptações para filtrar a água, controlar a entrada de sal em seus sistemas internos ou eliminar os excessos de sal.

Os manguezais desempenham diversas funções naturais de grande importância ecológica e econômica. Eles contribuem para a pesca e o turismo, sua vegetação nativa ajuda na estabilização da costa e na redução de impactos de desastres naturais, como tsunamis e furacões (Giri *et al.*, 2011; Ihinegbu; Mönnich; Akukwe,

2023). Devido à alta capacidade de armazenamento de carbono (Alongi, 2014), os manguezais desempenham um papel crucial como sumidouros de carbono azul (McLeod *et al.*, 2011). Seus sedimentos abrigam uma rica diversidade microbiana (Tavares *et al.*, 2021), que participa da ciclagem de elementos, decomposição e mineralização da matéria orgânica (Ochoa-Gómez *et al.*, 2019), e promove o crescimento vegetal (Tong *et al.*, 2019). Os manguezais apresentam também condições propícias para alimentação, proteção e reprodução para muitas espécies animais e por isso são consideradas zonas de elevada produtividade biológica (Duarte *et al.*, 2013).

A despeito de sua importância, globalmente os manguezais sempre foram severamente impactados pela atividade humana, destacando-se a sobrepesca, aquicultura/carcinicultura, descarga de efluentes não tratados, aterramento, exploração de madeira, desmatamento, ocupação irregular e expansão demográfica (Richards; Friess, 2016; Thomas *et al.*, 2017). Felizmente, os impactos antrópicos diminuíram drasticamente a partir do século XXI. Os manguezais são agora amplamente valorizados por sua biodiversidade e contribuições para sociedade humana, local e globalmente (Leal; Spalding, 2022). Atualmente, mais de 40% dos manguezais remanescentes estão formalmente protegidos para fins de conservação e os esforços para restauração de manguezais aumentaram (Goldberg *et al.*, 2020). No mundo em mudanças, observamos o surgimento de fatores naturais como as principais causas da perda de manguezais modernos. A sustentabilidade futura das florestas de mangues deve considerar a severidade e a intensificação dos processos climáticos e oceânicos extremos como fatores cada vez mais importantes de perdas globais desses ecossistemas.

Os solos de mangue são de aluviões marinhos, transportados como sedimentos e depositados pelos rios e pelo mar. Os solos são compostos de areia, silte e argila em diferentes combinações, e são ricos em matéria orgânica. De acordo com o Sistema Brasileiro de Classificação de Solos, os solos de manguezais são classificados principalmente como Gleissolos e Organossolos (Ferreira *et al.*, 2007; Prada-Gamero; Vidal-Torrado; Ferreira, 2004). A coleta e análise de solos pode fornecer informações valiosas sobre a estrutura e função do ecossistema, a saúde do solo, a saúde das comunidades biológicas e a resposta a mudanças ambientais.

2. PLANEJAMENTO PARA COLETA DE AMOSTRAS DE SOLOS E/OU AMOSTRAS BIOLÓGICAS DE MANGUEZAIS

No Brasil, a Lei Federal nº 12.727/2012 (Brasil, 2012), estabelece que as florestas de manguezal em toda a sua extensão são Áreas de Preservação Permanente (APPs). Atividades comerciais devem garantir a absoluta integridade dos manguezais arbustivos e dos processos ecológicos essenciais a eles associados, bem como da sua produtividade biológica e condição de berçário de recursos pesqueiros. Dessa forma, o planejamento de coletas de solos e/ou de amostras biológicas de manguezais deve começar com a obtenção da permissão de coleta dos órgãos competentes, considerando que esses ecossistemas são áreas especialmente protegidas (APPs), além de algumas estarem incluídas em unidades de conservação protegidas por leis federais, estaduais e municipais.

Outro componente importante no planejamento da coleta é a avaliação da tábua de marés para a região de estudo para escolher dias e o horários de maré baixa. Usualmente, as amplitudes de maré entre 0,1 a 0,3 m expõem o solo de manguezal e permitem o acesso até a margem do rio, o que é essencial para amostragem de solo e raízes, pois quanto mais baixa a maré melhor o acesso. Imagens de fotografia aéreas são úteis para mostrar a homogeneidade da área e as vias de acesso para chegar aos locais de coleta.

O ideal é fazer uma viagem de reconhecimento das áreas a serem amostradas, marcação de delimitação da área com GPS, escolha dos locais de coleta e estimativa do número de amostras e replicatas que serão coletadas considerando a janela de tempo disponível do intervalo da maré baixa, algo em torno de 3 a 4h, dependendo do local.

É essencial certificar-se também de preparar todo o material e/ou equipamentos que irão ser utilizados para realizar as coletas (sacos e frascos etiquetados, pincel marcador permanente, amostrador de solo, pás, sacos plásticos, luvas, sonda multiparamétrica, GPS e caixa térmica). Os pesquisadores devem usar roupas adequadas, botas, óculos de proteção, usar protetor solar, levar repelente, um canivete, água, diário de campo e máquina fotográfica/celular. Além disso, é importante informar-se sobre a área previamente para avaliar riscos relativos à segurança local, como a presença de animais perigosos.

3. SELEÇÃO DO LOCAL DE COLETA

Embora a escolha do local de coleta dependa dos objetivos e escopo do estudo, na maioria dos casos será necessário selecionar locais representativos da área. As áreas de estudo podem variar de florestas ou bosques individuais a avaliações em escala maior, como regional ou nacional. Se o objetivo for uma análise de larga escala, deve-se selecionar uma série de áreas representativas dos diferentes tipos de manguezais.

Nas áreas de estudo podem ser encontrados bosques de mangue com diferentes composições e estruturas, podendo consistir de um mosaico de diferentes espécies e estágios. Nesses casos, é importante estratificar a área em subpopulações ou seções que abriguem unidades relativamente uniformes, a partir das quais serão obtidas as amostras. Para determinar o tamanho e a extensão do local, padrões de zonação entre o mar e o continente, e por conseguinte, determinar o desenho amostral, podem ser utilizadas fotografias aéreas recentes, imagens de satélites, mapas de vegetação, solo ou topografia ou conversas com a população local para entender a dinâmica da área e processos ao longo do tempo. Para entender o gradiente de jusante à montante, pode ser importante amostrar-se em diferentes distâncias do mar.

Como os bosques de mangues são diversos e podem variar consideravelmente em estrutura e florística em distâncias curtas, é importante certificar-se de que está seguro para identificar o tipo de mangue no local de coleta. Observe também qualquer evidência de ocorrências incomuns, como deposição de lixo ou outros distúrbios no local ou nas proximidades. Os locais de coleta devem ser selecionados com base em uma combinação de critérios, incluindo a presença de mangues saudáveis, a variação na topografia e na hidrologia, a diversidade da vegetação e a distância da costa.

4. AMOSTRAGEM DE SOLO

A amostragem tem o objetivo de permitir a retirada de amostras representativas da massa do solo para a caracterização e determinação de parâmetros físicos, químicos e biológicos. Portanto, a seleção adequada dos locais de coleta é fundamental para garantir que as amostras coletadas representem adequadamente as características do manguezal em estudo e que respondam às perguntas que guiam a pesquisa. Quanto mais homogênea for a área que se deseja representar com uma amostra, mais representativa será essa amostra.

Muitos autores utilizam amostras compostas de solos, isto é, resultantes da mistura de algumas subamostras, com a finalidade de aumentar a homogeneidade e reduzir custos, pela análise de um menor número de amostras, porém mais representativas. Entretanto, as amostras devem ser compostas por igual número e quantidade de subamostras e não deve haver interação entre as subamostras individuais que possa afetar os resultados. Em geral faz-se de 3 a 5 réplicas.

Para estudo sistemático e comparação de diferentes parcelas ou áreas de estudo, devem ser estabelecidos transectos, os quais podem ser estabelecidos no sentido jusante-montante. Caso se esteja monitorando um tipo de floresta homogênea, os transectos podem ser estabelecidos perpendicularmente ou paralelamente à margem do rio, sendo estabelecidas diferentes parcelas ao longo dos transectos. Caso as parcelas distem a mesma distância da margem podem ser consideradas réplicas. No caso de serem distribuídas em parcelas perpendiculares ao rio, cada parcela representará porções distintas do bosque por terem distâncias diferentes da margem. É importante registrar tais diferenças num código lógico que representará cada amostra obtida no desenho amostral que será trabalhado e que se registre a localização dos transectos e parcelas com uso do GPS (Figura 4). Além disso, deve-se identificar os principais tipos de mangues presentes nas diferentes unidades amostrais. Algumas variáveis como temperatura, salinidade, pH, condutividade e oxigênio dissolvido são preferencialmente medidas no local, com o uso de sonda multiparamétrica.

Figura 4. Esquema representativo do delineamento dos plots de amostragem

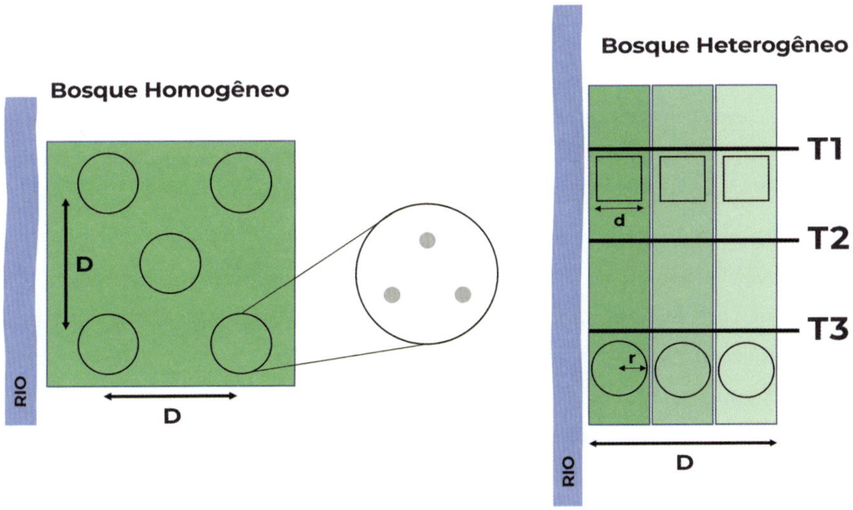

No caso de um bosque homogêneo, devem ser escolhidos pontos de coleta equidistantes (D = distância entre os pontos ou tamanho do transecto), de forma a cobrir a área de estudo, sendo cada um desses pontos amostrado em triplicata, pelo menos. No caso de um bosque de composição heterogênea, podem ser traçados transectos perpendiculares ao rio (Tn), ao longo do qual serão estabelecidas parcelas circulares ou quadradas cujo raio (r) ou lado (d) representem uma porção relativamente homogênea do bosque de mangue.

Procedimentos de coleta

1. **Seleção do local de coleta:** escolha um local que represente bem a área de interesse e que tenha características semelhantes ao restante do manguezal. Considere também a profundidade da amostra e a disponibilidade de equipamentos para coleta.

2. **Preparação do equipamento:** esterilize todo o equipamento que será usado na coleta de amostras, para evitar a contaminação da amostra.

3. **Coleta da amostra:** escolha o método de coleta mais apropriado para a finalidade da amostragem e o local escolhido. A amostra pode ser coletada por meio de amostradores de solo ou pás, dependendo da quantidade de amostra necessária para o estudo.

4. Remova a serrapilheira da superfície e introduza o amostrador na camada superficial de 0-10 cm; 0-20 cm ou em maior profundidade, dependendo do objetivo do estudo (Figura 5).

5. **Quantidade de amostras:** é importante coletar 500 g de solos em sacos plásticos para análises físicas e químicas; 40 g de solos em tubos Falcon de 50 mL para análises microbiológicas, e 5-10 g de solos em tubos Falcon de 15 mL para análises moleculares.

6. **Embalagem:** as amostras de solo devem ser colocadas em sacos plásticos resistentes e selados para evitar a perda de umidade e a contaminação da amostra. Idealmente, os sacos devem ser duplos para maior segurança.

7. **Identificação e rotulagem:** identifique e rotule claramente as amostras coletadas com informações como a localização da amostra, a profundidade da amostra e a data da coleta.

8. **Transporte da amostra:** o transporte deve ser feito em condições que não afetem a integridade das amostras. Evite expor as amostras a mudanças extremas de temperatura, vibrações ou movimentos bruscos. As amostras podem ser transportadas em caixas de isopor ou outro material isolante para protegê-las. No caso de amostras destinadas à biologia molecular, deve-se realizar a incorporação de agentes conservantes (RNA ladder) e/ou armazená-las em caixas térmicas contendo gelo.

9. **Tempo:** idealmente, as amostras devem ser enviadas ao laboratório o mais rapidamente possível após a coleta. Isso ajudará a evitar a deterioração das amostras durante o armazenamento e transporte.

10. **Análise da amostra:** após a coleta, a amostra deve ser enviada ao laboratório para análise. Os resultados da análise fornecerão informações sobre as características

do solo, tais como a sua composição química, textura, pH, e outros fatores relevantes à pesquisa.

11. **Para coleta de rizosfera:** A rizosfera corresponde à parte de solo em contato imediato com as raízes, tendo cerca de 2 milímetros de espessura. Deve-se coletar as raízes, preferencialmente fragmentos de menor espessura e com raízes secundárias. Em campo, deve-se retirar o excesso de solo e armazenar as raízes contendo a rizosfera. Em laboratório, as raízes serão lavadas em tampão para soltar a rizosfera, o que será seguido de centrifugação para obtenção das porções de solo que estavam aderidas às raízes.

Figura 5. Sequência de amostragem utilizando um amostrador cilíndrico de PVC

A. Retirada da serrapilheira e posicionamento do amostrador; B. Inserção do amostrador no solo; C e D. Retirada do amostrador contendo o solo; E e F. Aspecto do material obtido referente à camada superficial de 0 a 20 cm.

Figura 6. *Checklist* para amostragem de solo em ambiente de manguezal.

Checklist para expedições de coleta de manguezal

- ☐ **Solicitar permissão:** (Sisbio: https://www.gov.br/icmbio/pt-br/servicos/servicos-do-icmbio-no-gov.br/autorizacoes/pesquisa-nas-ucs-Sisbio) →

- ☐ **Verificar tábua de marés:** (https://www.marinha.mil.br/chm/tabuas-de-mare) →

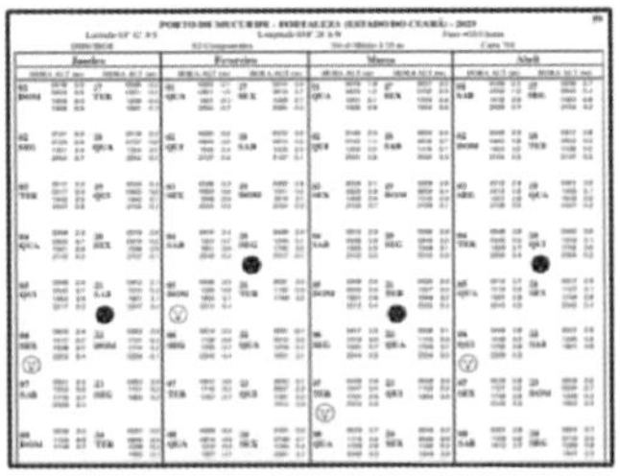

- ☐ **EPIs:** Camisa manga longa e calça de neoprene com proteção solar, Botas de neoprene, Chapéu Árabe, Protetor solar, Repelente, Luvas, Água e Corda
- ☐ **Equipamentos:** GPS, Refratômetro, Termômetro, Amostrador de solo, Sonda Multiparamétrica, etc.

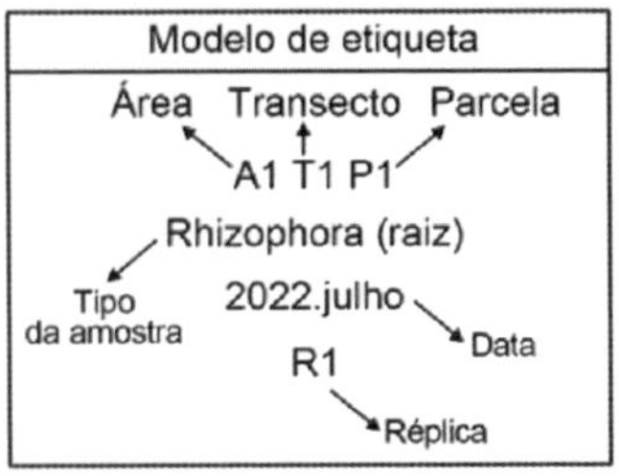

- ☐ **Materiais:** Sacos plásticos e frascos etiquetados, Caixa Térmica, Gelo, Pipeta de plástico, Faca/Canivete, Pás, Álcool líquido, Água destilada, Prancheta, Lápis, Pincel permanente, Ecobag e Máquina fotográfica/celular

REFERÊNCIAS

ALONGI, D. M. Carbon cycling and storage in mangrove forests. **Annual Review Marine Science**, v. 6, p. 195-219, 2014. Disponível em: https://www.annualreviews.org/doi/10.1146/annurev-marine-010213-135020.

BRASIL. Lei Federal nº 12.727, de 17 de outubro de 2012. Altera a Lei nº 12.651, de 25 de maio de 2012, que dispõe sobre a proteção da vegetação nativa; [...]. **Diário Oficial da União**, Brasília, DF, 18 out. 2012. Disponível em: https://www.planalto.gov.br/ccivil_03/_ato2011-2014/2012/lei/l12727.htm.

BUNTING, P.; ROSENQVIST, A.; HILARIDES, L.; LUCAS, R. M.; THOMAS, N.; TADONO, T.; WORTHINGTON, T. A.; SPALDING, M.; MURRAY, N. J.; REBELO, L.-M. Global mangrove extent change 1996–2020: Global Mangrove Watch Version 3.0. **Remote Sensing**, v. 14, p. 3657, 2022. Disponível em: https://doi.org/10.3390/rs14153657.

DELTARES. **Habitat requirements for mangroves**. 2014. Disponível em: https://publicwiki.deltares.nl/display/BWN/Building+Block+Habitat+requirements+for+mangroves.

DUARTE, C.; LOSADA, I.; HENDRIKS, I. *et al.* The role of coastal plant communities for climate change mitigation and adaptation. **Nature Climate Change**, v. 3, p. 961-968, 2013. Disponível em: https://doi.org/10.1038/nclimate1970.

DUKE, N.; ALLEN, J. Rhizophora mangle, R. samoensis, R. racemosa, R. X harrisonii (Atlantic-East Pacific red mangrove). **Species Profiles for Pacific Island Agroforestry**, v. 1, p. 1-18, 2005. Disponível em: https://www.researchgate.net/publication/242145680_Rhizophora_mangle_R_samoensis_R_racemosa_R_X_harrisonii_Atlantic-East_Pacific_red_mangrove.

FERREIRA, T. O.; OTERO, X. L.; VIDAL-TORRADO, P.; MACIÁS, F. Are mangrove forest substrates sediments or soils? A case study in southeastern Brazil. **Catena**, v. 70, p. 79-91, 2007. Disponível em: https://doi.org/10.1016/j.catena.2006.07.006.

GIRI, C.; OCHIENG, E.; TIESZEN, L. L.; ZHU, Z.; SINGH, A.; LOVELAND, T.; MASEK, J.; DUKE, N. Status and distribution of mangrove forests of the world using earth observation satellite data. **Global Ecology and Biogeography**, v. 20, p. 154-159, 2011. Disponível em: https://doi.org/10.1111/j.

1466-8238.2010.00584.x.

GOLDBERG, L.; LAGOMASINO, D.; THOMAS, N.; FATOYINBO, T. Global declines in human-driven mangrove loss. **Global Change Biology**, v. 26, p. 5844-5855, 2020. Disponível em: https://doi.org/10.1111/gcb.15275.

ICMBio. **Atlas dos Manguezais do Brasil**. Brasília: Instituto Chico Mendes de Conservação da Biodiversidade, 2018. 176 p. Doi:10.13140/RG.2.2.17764.86403.

IHINEGBU, C.; MÖNNICH, S.; AKUKWE, T. Scientific evidence for the effectiveness of mangrove forests in reducing floods and associated hazards in coastal areas. **Climate**, v. 11, p. 79, 2023. Disponível em: https://doi.org/10.3390/cli11040079.

LEAL, M.; SPALDING, M. D. (Eds.). The state of the world's mangroves 2022. **Global Mangrove Alliance**. Disponível em: https://www.mangrovealliance.org/.

McLEOD, E. *et al.* A blueprint for blue carbon: toward an improved understanding of the role of vegetated coastal habitats in sequestering CO2. **Frontiers in Ecology and the Environment**, v. 9, p. 552-560, 2011. Disponível em: https://doi.org/10.1890/110004.

OCHOA-GÓMEZ, J. G. *et al.* Mangrove wetland productivity and carbon stocks in an arid zone of the Gulf of California (La Paz Bay, Mexico). **Forest Ecology and Management**, v. 442, p. 135-147, 2019. Disponível em: https://doi.org/10.1016/j.foreco.2019.03.059.

PRADA-GAMERO, R. M.; VIDAL-TORRADO, P.; FERREIRA, T. O. Mineralogia e físico-química dos solos de mangue do rio Iriri no canal de Bertioga (Santos, SP). **Revista Brasileira de Ciência do Solo**, v. 28, p. 233-244, 2004. Disponível em: https://doi.org/10.1590/S0100-06832004000200002.

RICHARDS, D. R.; FRIES, D. A. Rates and drivers of mangrove deforestation in Southeast Asia, 2000-2012. **Proceedings of the National Academy of Sciences**, v. 113, p. 344-349, 2016. Disponível em: https://doi.org/10.1073/pnas.1510272113.

SCHAEFFER-NOVELLI, Y.; CINTRÓN-MOLERO, G.; ADAIME, R. R.; CAMARGO, T. M. Variability of mangrove ecosystems along the Brazilian coast. **Estuaries**, v. 13, p. 204-219, 1990. Disponível em: https://doi.org/10.2307/1351590.

SPALDING, M.; KAINUMA, M.; COLLINS, L. **World atlas of mangroves (version 3.1)**. London: Earthscan, 2010. 319 p. Disponível em: https://doi.org/10.34892/w2ew-m835.

TAVARES, T. C. L. *et al.* Brazilian semi-arid mangroves-associated microbiome as pools of richness and complexity in a changing world. **Frontiers in Microbiology**, v. 12, p. 715991, 2021. Disponível em: https://www.frontiersin.org/articles/10.3389/fmicb.2021.715991/full.

THOMAS, N. *et al.* Distribution and drivers of global mangrove forest change, 1996–2010. **PLOS ONE**, v. 12, n. 6, e0179302, 2017. Disponível em: https://doi.org/10.1371/journal.pone.0179302.

TOMLINSON, P. B. **The botany of mangroves**. Cambridge: Cambridge University Press, 1986. 413 p.

TONG, T.; LI, R.; WU, S.; XIE, S. The distribution of sediment bacterial community in mangroves across China was governed by geographic location and eutrophication. **Marine Pollution Bulletin**, v. 140, 2019, p. 198-203. doi: https://doi.org/10.1016/j.marpolbul.2019.01.046